BIBLIOTHÈQUE

BIOLOGIQUE INTERNATIONALE

PUBLIÉE SOUS LA DIRECTION

De M. J.-L. DE LANESSAN

Professeur agrégé d'histoire naturelle à la Faculté de médecine
de Paris

IX

Volumes déjà parus de la même Bibliothèque :

Coulommiers. — Imprimerie Paul BRODARD.

DE LA

FORMATION DES ESPÈCES

PAR LA SÉGRÉGATION

PAR

Moritz WAGNER

TRADUIT DE L'ALLEMAND

➤✷◄

PARIS

OCTAVE DOIN, ÉDITEUR

8, PLACE DE L'ODÉON, 8

—

1882

DE LA FORMATION DES ESPÈCES

PAR

LA SÉGRÉGATION

§ I

L'auteur d'une petite brochure parue en 1868 sous ce titre : *La théorie de Darwin et la loi de migration des organismes*, essayait de démontrer l'influence considérable exercée par les migrations, aussi bien que par les colonies isolées, sur la formation des espèces. Les conclusions de l'auteur étaient basées en grande partie sur des expériences et des observations personnelles, faites pour la plupart dans des localités qui présentaient un champ fécond pour l'étude de cette question. Une grande partie de ces faits, déduits de l'extension géographique des organismes, étaient déjà suffisamment connus ; mais, selon l'auteur, ils n'auraient été qu'imparfaitement expliqués par Darwin et ses disciples, et l'on n'en avait tiré que des déductions incomplètes. Pour moi, c'est la chorologie des organismes, c'est-à-dire l'étude de tous les phénomènes importants qu'embrasse la géographie des animaux et des plantes, qui est le guide le plus sûr dans l'étude des phases *réelles* du processus de la formation des espèces.

Il faut faire la part de l'opposition que soulève d'ordinaire tout essai d'interpréter un phénomène naturel, encore imparfaitement connu, d'une manière qui s'écarte des explications généralement admises. Pourtant, si la brochure dont nous parlons trouva parmi les savants plus de contradicteurs que d'adhérents, la faute en revient, il faut bien le reconnaître, à une erreur fondamentale de l'auteur. Il commet la faute de réunir la théorie de la migration à la loi darwinienne de la sélection; or, par un point très essentiel, notamment en ce qui concerne la cause mécanique qui détermine la formation de toute nouvelle série de formes, ces deux théories diffèrent bien plus que ne pourrait le faire supposer un examen superficiel.

Le savant zoologiste Auguste Weismann fut, je me hâte de le reconnaître, le premier à relever cette erreur. Weismann chercha aussi, il est vrai, à réfuter la loi de migration, en se fondant d'ailleurs sur les bases insuffisantes et les conclusions défectueuses de l'époque. Ce savant avait pris un faux point de départ, dont il semble avoir lui-même reconnu l'erreur depuis.

Le principal argument de Weismann contre la théorie de la migration s'appuie, comme on le sait, sur les Planorbes fossiles, qu'on trouve dans la vallée de Steinheim, dans le Wurtemberg. Cette vallée est devenue célèbre par les recherches du docteur Hilgendorf et par la controverse, si instructive au point de vue de la théorie de la descendance, qui a eu lieu entre le docteur Hilgendorf et le professeur Sandberger. Malheureusement, Weismann n'a jamais visité cette vallée. Je crois avoir suffisamment prouvé dans un article de controverse, publié en 1877 (*Naturwissenshaftlichen*)[1], que si, après un examen impartial, les conditions géognostiques locales et les modifications morphologiques du *Planorbis multiformis* tertiaire ne peuvent qu'étayer plus solidement la théorie de la descendance de Lamarck et de Darwin, elles contredisent certainement la théorie de l'origine des formes morphologiques par la sélection dans la lutte pour l'existence.

Ma manière d'interpréter la géologie de la vallée de Steinheim et les modifications de structure de ses Planorbes myocènes, dont l'importance est si grande au point de vue de la théorie de l'évolution, ne souleva aucune objection de la part des darwinistes. Tout au contraire, au congrès des na-

1. Voir *Cosmos*, vol. II, page 265; V. p. 10, ff.

turalistes allemands de Munich, en 1877, M. Georges Seidlitz alla jusqu'à m'avouer qu'il se déclarait incapable de trouver une explication du changement de structure morphologique des Planorbes de Steinheim, qui fût favorable à la théorie de la sélection de Darwin. Il est à regretter que des naturalistes émérites comme Weismann, Hæckel, Nägeli, qui, en leur qualité de partisans décidés de la doctrine de la sélection, combattent la théorie de la migration, n'aient point exploré certaines autres localités particulièrement importantes, où le fait de la formation d'espèces endémiques vivantes paraît clairement n'être que le résultat de leur ségrégation dans l'espace. Ils auraient certainement alors adopté une théorie de la formation des espèces très différente de la doctrine de la sélection de Darwin.

De pareilles étendues de terrain, présentant un intérêt puissant à la science, manquent dans l'Europe centrale ; mais nous les trouvons dans les archipels de l'Océan et même dans les groupes d'îles des mers intérieures, tels que l'archipel grec. Le savant malacologiste, le docteur Böttger a trouvé sur chacune des îles une forme particulière de Clausilie, fournissant ainsi des faits à l'appui de la théorie de la ségrégation. Des faits analogues, en bien plus grand nombre, ont été signalés auparavant par Gulick, à propos des Achatinelles des îles Sandwich, par Trubello à propos des Hélices des Açores et des îles Canaries, et par Clessin lui-même à propos de certains mollusques d'eau douce du lac de Bavière. Les oasis du Sahara, formant des îlots séparés, les colosses des Andes du Quito, les groupes isolés des volcans de l'Arménie et vraisemblablement toutes les autres régions isolées, fournissent des faits absolument identiques, c'est-à-dire *des espèces endémiques, étroitement limitées, et des variétés locales constantes en nombre infini.*

En face de faits aussi concluants, concordant tous en faveur de la formation des espèces par ségrégation ou isolation, sans que la lutte pour l'existence y joue un rôle essentiel, un ultra-darwiniste aussi convaincu que M. Georges Seidlitz lui-même aurait été forcé, s'il les avait étudiés de près, d'adopter une interprétation plus judicieuse du processus de la formation des espèces. Il n'aurait peut-être pas attribué à une sélection très hypothétique, dont les espèces insulaires endémiques ne présentent aucune trace, ce que la théorie de la ségrégation suffit parfaitement à expliquer et cela d'une manière bien plus simple et naturelle. Les nombreuses formes organiques à l'état endémique que nous présentent les îles, les oasis, les groupes isolés de volcans, n'ont pas eu certainement d'autre origine. Il en est ainsi pour le *Lepus Huxleyi* de l'île Porto-Santo, lequel est un produit bien authentique de l'isolation, pour le cochon d'Inde européen, qui descend du *Cavia aperea* du Brésil, transporté dans le sud de l'Europe, et pour la phalène du genre *Saturnia* subitement apparue en Suisse dès qu'on y eut apporté du Texas quelques nymphes du genre *Saturnia luna*. C'est par milliers qu'on pourrait répéter les essais sur la ségrégation dans l'espace d'espèces variables, comme l'a fait l'entomologiste suisse Boll avec la phalène du Texas ci-dessus mentionnée. En face de ces preuves directes de la formation d'espèces nouvelles par l'isolation, où sont celles de l'origine d'espèces nouvelles obtenues par la sélection dans la lutte pour l'existence, malgré l'action absorbante du libre croisement ? C'est un exemple frappant du contraire que nous fourniraient les résultats négatifs obtenus dans nos jardins botaniques, où jamais dans une plate-bande occupée par des spécimens de la même espèce (témoin le genre *Hieracium* du jardin botanique de Munich) on n'a vu une variété individuelle produire une espèce nouvelle constante.

A mesure que j'étudiai davantage les phénomènes particuliers de la distribution géographique des espèces les plus voisines, appartenant aux types végétaux et animaux les plus riches en formes, aussi bien que des variétés locales qui se trouvent sur les continents et dans les îles, en les rapprochant de mes propres observations, faites durant des années, sans aucun parti pris, j'arrivai à la conviction suivante : que la ségrégation dans l'espace, par suite des migrations actives et passives, des groupes de formes, sert non seulement à expliquer leur distribution géographique actuelle, mais fournit aussi une explication bien plus simple et selon toute vraisemblance plus judicieuse de leur origine, que n'en présente la doctrine darwinienne de la « natural selection », du « struggle for life ».

L'histoire entière des sciences naturelles sert à confirmer un fait depuis longtemps acquis par l'expérience, savoir : que les phénomènes les plus simples et les plus communs sont précisément ceux que l'on apprend à connaître le plus tard et dont on se rend compte le plus difficilement. L'expérience enseigne aussi que la plupart des savants sont naturellement portés au scepticisme à l'égard de toute nouvelle théorie, fût-elle même appuyée sur des faits incontestables, du moment où elle vient se heurter à quelque erreur enracinée ou cherche à rectifier, sinon à écarter, une théorie généralement admise. Par conséquent, l'auteur de ces lignes était tout préparé à rencontrer de l'opposition, surtout dans les rangs des partisans décidés de la doctrine, d'ailleurs si séduisante, de la sélection. Ceux-ci pouvaient ne manquer de s'élever contre toute conception de la formation des espèces, contraire à leur doctrine, tout en étant incapables de réfuter certaines affirmations appuyées sur des faits ainsi que les conclusions qui en découlent.

Comme depuis des années il s'est glissé dans la polémique scientifique certains malentendus, je m'en vais essayer de résumer ici les deux théories de la manière la plus concise, en sollicitant d'avance l'indulgence du lecteur pour des répétitions inévitables de choses généralement connues. Le lecteur qui n'est pas au fait des articles publiés par moi depuis 1875 dans divers journaux sera de cette manière à même de saisir la différence essentielle qui sépare ces deux manières d'interpréter le processus de la formation des espèces. Il pourra alors se former une opinion sur le débat en litige.

Ces théories, celle de la sélection aussi bien que celle de la ségrégation, ont toutes les deux une base qui leur est commune, ou, pour parler plus exactement, les conditions essentielles de la formation des espèces y sont les mêmes : c'est la variabilité individuelle et l'hérédité des caractères. Ces deux points de départ du processus de la formation des organismes ne doivent pas être confondus avec la cause *mécanique nécessaire* de l'origine d'espèces nouvelles et de variétés constantes. Les deux facteurs dont nous venons de parler, sans lesquels la formation d'espèces est en général impossible, seraient pourtant par eux-mêmes aussi impuissants à produire ce résultat dans la nature que le serait le simple fait de l'existence de mâles et de femelles dans le monde animal pour produire un individu nouveau, si l'acte de la génération n'intervenait pas. L'action créatrice de la variabilité individuelle et de l'hérédité des caractères est limitée en partie par l'influence absorbante du croisement, en partie par des conditions analogues de vie dans un même habitat. Ces facteurs représentent l'élément conservateur favorable à la perpétuation de l'espèce. Un autre facteur, une cause mécanique, impulsive et irrésistible, doit surgir dans la nature, pour réagir contre cet élément conservateur, afin de provoquer l'apparition d'espèces nouvelles.

D'après la théorie darwinienne de la sélection, l'action de cette cause entrerait en jeu avec l'apparition d'individus aptes à varier, dont les divergences morphologiques du type normal de l'espèce souche sont, soit innées, comme dans la plupart des cas, soit acquises, c'est-à-dire constituées par des influences extérieures. Ces individus plus favorablement organisés ont, par suite de la concurrence avec les individus normaux de la même espèce, la tendance et la faculté de se reproduire plus facilement qu'eux, et finissent peu à peu par entraver leur existence et par les remplacer. Le

1.

facteur le plus actif de ce phénomène est la lutte pour l'existence, qui sévit précisément avec le plus de violence entre individus de la même espèce.

Ce processus de la formation d'une espèce ne peut naturellement durer qu'aussi longtemps que surgissent des variations nouvelles, favorables. Or, dans la plupart des cas, l'origine de celles-ci résulte de causes internes, physiologiques, qui nous sont encore inconnues, et comme elle est, de l'aveu même de Darwin, de Huxley et de la plupart des partisans les plus convaincus de la théorie de l'évolution, *complètement indépendante* des circonstances extérieures, il faut en conclure que l'apparition de ces variétés spontanées doit être possible dans tous les temps, ce que d'ailleurs nous constatons souvent chez des individus isolés. Quoi qu'en dise Seidlitz, les plus longues périodes de repos, pendant lesquelles la création d'espèces nouvelles subirait des arrêts complets, sont par conséquent en *contradiction manifeste* avec l'essence même de la théorie de la sélection et tout à fait inacceptables au point de vue même des darwinistes les plus conséquents.

Au contraire, la loi de la formation des espèces par ségrégation se formulerait ainsi qu'il suit :

Chaque forme nouvelle constante (espèce ou variété) se constitue à l'origine par l'isolation d'unités émigrantes, détachées d'un habitat occupé par une espèce souche, qui se trouve encore dans la phase de la variabilité. Les vrais facteurs de ce processus sont : 1° adaptation des colons émigrés aux conditions extérieures de la vie (nourriture, climat, propriétés du sol, lutte pour l'existence du nouveau milieu; 2° empreinte et développement des caractères individuels des premiers colons dans leur postérité par la reproduction consanguine.

Ce *processus* de la constitution de l'espèce s'arrête aussitôt que, par suite d'une plus grande multiplication d'individus, intervient le nivellement et la compensation du croisement en masse, qui crée et entretient cette uniformité, signe caractéristique de toute espèce véritable ou de *toute variété* constante.

Autrement dit, d'après la théorie de la sélection, ce serait la lutte pour l'existence, et, d'après la théorie de la ségrégation, l'isolation dans l'espace, qui constituerait *la cause la plus puissante de la formation des espèces.*

Vu que la lutte pour l'existence sévit avec le plus d'acharnement entre individus de la même espèce, c'est dans le point où ces individus sont groupés avec le plus de densité, c'est-à-dire d'ordinaire auprès du point central de la région habitée par l'espèce, que sa force créatrice devrait se manifester avec le plus de puissance. *Or tous les faits de la géographie des animaux et des plantes viennent contredire cette assertion de la manière la plus décisive.*

La ségrégation dans l'espace d'individus isolés, par suite d'émigrations actives ou passives, soustrait ces émigrants à la concurrence avec leurs congénères. Séparées de l'habitat de l'espèce souche, ces espèces nouvellement constituées se trouvent en revanche sans cesse, grâce à leur petit nombre et à leur faiblesse, en proie à la lutte pour l'existence. *Les faits de la géographie zoologique et botanique, la séparation si importante des centres d'origine de toutes les espèces et variétés qui se substituent, la disposition sériaire de leurs habitats, l'écart considérable des limites de leur extension, tous ces faits si importants de la propagation des organismes sont des preuves décisives à l'appui de notre théorie.*

Ces deux théories de la formation des espèces sont donc difficilement conciliables, par l'interprétation essentiellement différente qu'elles donnent à la cause mécanique nécessaire, quoique toutes les deux admettent, comme je l'ai déjà fait observer, les deux facteurs principaux : la variabilité individuelle et l'hérédité des caractères nouvellement acquis.

Parmi les diverses objections très importantes que l'on peut élever contre la théorie de Darwin, il y en a une essentielle qui n'a jamais été réfutée par les partisans de cette doctrine. Le botaniste Wigand a fait observer avec raison qu'elle suffisait à elle seule à réfuter la théorie de la sélection.

L'action absorbante et compensatrice du croisement entre des organisme à sexe différencié, aussi bien qu'entre les innombrables hermaphrodites qui se fécondent mutuellement, rend *tout à fait impossible* la constitution de formes organiques à caractère constant *dans le même habitat.* Chaque nouveau caractère morphologique, quelque favorable qu'il soit à l'individu, sera forcément réduit par suite du croisement avec des individus normaux et ramené ainsi au type normal de l'espèce. Dans le croisement illimité, c'est toujours le grand nombre qui l'emportera sur le petit.

Les expériences de sélection artificielle, faites par les botanistes aussi bien que par les zoologistes, ont donné la preuve irréfutable que les variétés qui commencent à se constituer et ne sont point suffisamment protégées par l'isolation contre la masse de l'espèce souche succombent sous l'influence absorbante du croisement. Comme l'ont prouvé les expériences décisives des botanistes Koelreuter et Gärtner, aucune nouvelle race d'animaux domestiques ou de plantes ne saurait ni se constituer ni se maintenir sans l'aide de l'isolation artificielle.

Des variations individuelles plus ou moins favorables se présentent sans cesse parmi les plantes et les animaux au sein de la nature. Parmi les plantes les plus communes de nos plaines et de nos montagnes, on trouve toujours des spécimens isolés, qui se distinguent et diffèrent des individus normaux de leur espèce soit par la hauteur de la tige, soit par la forme de la feuille, soit par la grandeur ou la coloration plus intense de la fleur. On peut bien admettre que des caractères individuels de ce genre, par exemple la grandeur et la coloration plus vive des fleurs, en attirant davantage les insectes, favorisent l'éparpillement du pollen et contribuent par là à la reproduction des individus ainsi doués. Mais, comme le libre croisement avec les individus normaux de l'espèce vient affaiblir et diminuer ces variations individuelles dès la génération suivante, elles s'effacent peu à peu sans avoir constitué une nouvelle forme morphologique à caractère fixe, sans avoir formé une espèce nouvelle.

Dans la faune de nos bois et de nos plaines, on rencontre de même des individus présentant de légères divergences soit dans leur structure anatomique, soit dans leur couleur. Ainsi, parmi les lièvres, les cerfs, les loups, on rencontre des individus dont les jambes ont quelques lignes de plus que ceux de leur race, ce qui leur assure un avan-

tage incontestable dans la fuite ou dans la poursuite de la proie. Mais cet avantage ne se perpétue
guère à travers une série de générations, vu que
chaque croisement avec les individus bien plus
nombreux qui offrent le type normal sert à l'affaiblir. Il y a bien les loups des montagnes, aux
jambes tant soit peu plus longues que celles de
leurs camarades de la plaine, mais on ne les rencontre que dans une certaine *localité montagneuse
déterminée ;* ils sont donc clairement le produit de
l'isolation et non celui de la sélection, car parmi
les loups des plaines, dont la propagation est bien
plus rapide, on ne rencontre point cette variété. Là
où se trouve une nouvelle espèce de loups, comme
par exemple dans les pampas de la République
argentine, dans la Patagonie, dans les îles Fal-
kland, etc., les barrières naturelles formées par
la mer ou par de grandes étendues de terrain, indiquent clairement que là encore *c'est l'isolation et
non la sélection qui est le facteur effectif de la formation des espèces.* Dans la plupart des cas, les formes
organiques nouvellement constituées sont, ou séparées par l'espace de leur type originaire, ou n'ont
avec lui, dans certaines localités placées principalement aux limites extrêmes de leur habitat, qu'un
contact sporadique. En face du nivellement produit
par le croisement, affaiblissant dans la postérité les
variations individuelles et les caractères particu-

liers, le développement et la constitution de caractères morphologiques nouveaux dans le même
habitat que le type originaire deviennent simplement impossibles. Aussi ne sont-ils jamais produits
ni dans la nature, ni dans l'état de domestication
si l'on ne règle le croisement. Si l'on trouve incontestablement chez les plantes et les animaux des
cas nombreux de l'existence en société d'espèces
et de variétés congénères, ceci ne prouve point
qu'elles aient le même lieu d'origine. Tout au contraire, si nous observons les courbes de déviation
très sensibles que nous présentent les limites de
leurs régions d'expansion, nous aurons de fortes
probabilités en faveur d'une origine isolée, dans
des foyers rapprochés, mais sporadiquement séparés, ou qui du moins l'auraient été avant que
la multiplication, l'extension des individus leur
eût enlevé ce caractère. Une durée insuffisante de
l'isolation produit, dans les cas les plus favorables,
des espèces défectueuses, c'est-à-dire des espèces
aux caractères mal définis, aux transitions innombrables, telles que nous les présentent certaines
plantes alpestres, par exemple le genre *Hieracium*.

Un fait important à invoquer contre la sélection
naturelle par la lutte pour l'existence, ce sont les
essais infructueux d'amélioration des races bovines
et chevalines à demi sauvages qui errent dans les
pampas de la République argentine, les llanos du

Venezuela, les savanes du Guonacaste et du Chiriqui de l'Amérique centrale, aussi bien que dans les steppes méridionales de la Russie. Les propriétaires de ces troupeaux qui errent en liberté dans les pâturages, avaient essayé d'ennoblir les races par l'introduction parmi elles d'un certain nombre de robustes taureaux de l'Andalousie, de vigoureux étalons de l'Angleterre, des Etats berbères, de l'Arabie et des steppes du Turcoman. Les résultats obtenus donnent la preuve concluante que des individus peu nombreux, quels que soient leur supériorité physique et leurs avantages, ne peuvent amener aucune amélioration constante, ni aucune modification dans la race, du moment où ils se trouvent mêlés à la masse d'individus ayant le type commun et se croisant librement avec eux.

Dans les steppes immenses des pays ci-dessus mentionnés, où les animaux vivent dans l'état de nature, l'action de la lutte pour l'existence pouvait se manifester dans toute sa force. Mais, bien que les magnifiques spécimens employés eussent dû fortifier cette action, elle s'est montrée tout à fait impuissante à constituer des espèces. *En réalité, il ne s'est point produit de sélection naturelle, quoique toutes les conditions favorables fussent réunies.*

Quant aux organismes inférieurs qui se propagent par simple division ou bourgeonnement, chez lesquels, par conséquent, il n'y a pas de croisement, il suffit d'un certain équilibre dans les conditions do la vie, en particulier d'un équilibre approximatif des conditions alimentaires du milieu, pour maintenir et consolider l'uniformité de l'espèce. Une aptitude très restreinte à varier et à se modifier, ainsi que l'agglomération dans un espace donné, favorisent chez les organismes inférieurs cette tendance de la nature à la conservation de l'espèce dans son intégrité. Les variétés isolées qui ont pu se former sous l'influence de causes accidentelles et locales, par exemple d'une alimentation plus abondante, favorisant l'expansion de l'espèce souche, ne tardent pas à disparaître si ces conditions alimentaires ne sont pas durables, ce qui est impossible dans une même région, embrassant un grand nombre d'individus. Ainsi donc, pour les organismes inférieurs, il n'y a que l'isolation dans l'espace qui puisse assurer à un petit nombre d'individus l'abondance durable des aliments et contribuer par là à la formation de nouvelles espèces à caractères constants.

La lutte pour l'existence, c'est-à-dire le combat pour l'espace, la nourriture et la reproduction, peut, il est vrai, dans une grande quantité de cas, donner la première impulsion aux migrations actives, à la ségrégation des individus. Dans l'espace, son influence sur la formation des espèces n'en reste pas moins tout à fait indirecte, et dans la plupart des cas, ou pour mieux dire dans tous les cas où il s'agit de migration passive, la formation de colonies isolées s'accomplit en dehors d'elle. C'est la ségrégation, l'isolation, qui en est le facteur le plus actif.

Si la lutte pour l'existence élimine impitoyablement au sein de la nature les êtres faibles et mal organisés, elle expose aussi les individus doués de quelque particularité avantageuse à la poursuite de leurs congénères normaux et provoque ainsi leur destruction ou leur émigration. Elle agit donc en réalité pour la conservation et non pour la modification de l'espèce normale dans un habitat donné. Même pour ce qui regarde le rapport numérique de la durée des diverses espèces contenues dans la même région, l'action de la lutte pour l'existence sera bien moins puissante que celle d'un autre facteur tout à fait indépendant et dont l'influence ne doit pas être confondue avec la sienne : savoir l'*âge de l'espèce*.

C'est aujourd'hui une opinion généralement adoptée que les espèces ont leur jeunesse, leur âge mûr et leur vieillesse et meurent enfin de décrépitude, ni plus ni moins que les individus. La rareté numérique, l'extinction graduelle de l'espèce suit son cours normal, se manifestant par la diminution de la reproduction et de la force de réaction contre l'influence du milieu extérieur. Le facteur destructif, de la concurrence avec d'autres espèces, peut bien aussi accélérer l'extinction des espèces en voie de disparition, mais il n'en est jamais la cause initiale, ce dénouement fatal ayant lieu alors même que la lutte pour l'existence ne l'activerait pas.

Il serait insensé de prétendre que les innombrables mammifères de l'époque tertiaire, tous ces puissants animaux à trompe, ces ruminants, ces carnassiers, si admirablement organisés pour les conditions de leur milieu, n'aient disparu que sous l'influence de la lutte pour l'existence et de changements climatériques; le cercle de leurs migrations n'étant pas alors limité par la civilisation humaine, ils avaient pleine liberté d'expansion et pouvaient choisir le climat qui leur convenait. Ils succombèrent simplement sous l'action du temps, leur forme organique ayant fourni sa carrière.

Chaque espèce, une fois constituée, grâce à une isolation prolongée du foyer originaire de l'espèce souche, reste à l'état fixe, c'est-à-dire ne subit plus de modifications morphologiques essentielles, jusqu'à son extinction naturelle, amenée par la décrépitude de l'âge. Sa régression est marquée par des modifications internes physiologiques et se manifeste par la diminution du nombre des individus, c'est-à-dire que le chiffre des naissances ne compense plus celui des décès. Les jeunes espèces, qui viennent de se former par l'isolation, survivent en moyenne à l'espèce souche, comme le fils survit au père, l'enfant au vieillard, non parce qu'elles sont morphologiquement mieux constituées, mais parce qu'elles ont la jeunesse pour elles. A chaque nouvelle forme organique est octroyée une nouvelle somme de vie, et sous ce rapport encore le processus phylogénétique de la formation des types se trouve concorder parfaitement avec leur ontogenèse.

Le nombre des savants systématiques qui soutiennent le fait d'une certaine immutabilité des bonnes espèces, d'un principe conservateur dans le type de l'espèce, est encore très considérable parmi les botanistes, les zoologistes et les paléontologistes; il me semble qu'ils ont tout intérêt à accueillir favorablement la théorie d'une origine de l'espèce par ségrégation. Cette dernière s'adapte en réalité bien mieux que la théorie de la sélection, à une classification descriptive. D'après la doctrine de la sélection, l'espèce se trouve ou peut se trouver dans un état perpétuel de transformation, car chaque apparition accidentelle de variétés individuelles anormales, favorables à l'individu, vient donner une impulsion nouvelle à ce processus de transmutation; il ne saurait donc dès lors être question de cette immutabilité morphologique des espèces, exigée par la classification systématique. Ce n'est pas seulement le groupe organique défini que nous nommons espèce, qui gagne en importance avec la conception de la constance morphologique de l'espèce fixe, mais aussi la science morphologique qui le décrit.

Dans les pages suivantes, je me propose de mettre sous les yeux du lecteur une série de faits puisés dans la faune des diverses parties du monde, ainsi que dans celle de l'Europe centrale. Ces faits, qui n'ont pas été suffisamment pris en considération par les darwinistes, serviront, je l'espère, à établir la justesse de la théorie de l'isolation. Le grand naturaliste anglais lui-même vient de faire dernièrement une concession importante à la théorie de la ségrégation. Il reconnaît ouvertement avoir commis une erreur en donnant trop d'importance à l'influence de la lutte pour l'existence. Voici ce qu'il m'écrivit après une lecture attentive de mes articles, parus sous le titre de *Naturwissenschaftliche Streitfragen* :

« Suivant moi, la plus grande erreur que j'aie commise, c'est de n'avoir pas tenu suffisamment compte de l'action directe du milieu, c'est-à-dire de l'alimentation, du climat, etc., *indépendamment de la sélection naturelle*. Les modifications obtenues ainsi, lesquelles ne sont ni à l'avantage ni au désavantage de l'organisme modifié, seraient spécialement favorisées, comme j'ai pu le constater, surtout d'après vos observations, par l'isolation sur une étendue restreinte, où un petit nombre d'individus vit dans des conditions presque uniformes. Lorsque, il y a quelques années, j'ai écrit l'*Origine des espèces*, je n'avais pu rassembler que très peu de preuves de l'action directe du milieu. Aujourd'hui, il y en a beaucoup, et le cas cité par vous de la *Saturnia* est un des plus remarquables dont j'aie jamais entendu parler. »

§ II. — *Le mimétisme.*

Comme argument contre la théorie de la formation des espèces par ségrégation, si victorieusement démontrée par le fait de la division sériaire dans les continents et les îles des types les plus voisins d'une espèce, M. Georges Seidlitz invoque le phénomène si connu du « mimétisme. » Selon lui, la théorie de la migration serait impuissante à nous expliquer cette adaptation ou, selon le mot assez mal choisi de Seidlitz, cet armement contre le danger, c'est-à-dire l'ensemble d'analogies protectrices qui existent incontestablement entre beaucoup d'animaux et les plantes sur lesquelles ils vivent; la théorie de Darwin au contraire fournirait, à l'en croire, une explication tout à fait satisfaisante du phénomène.

Or, dans la réalité, c'est tout le contraire qui a lieu. Si l'on passe en revue, en les scrutant soigneusement, toutes les circonstances au sein desquelles se manifestent les cas nombreux de « mimétisme », on ne tarde pas à reconnaître qu'il est tout à fait impossible d'expliquer leur origine par une espèce de triage, œuvre de la lutte pour l'existence. Des faits nombreux, au contraire, servent à démontrer que ce phénomène n'est que le produit d'un changement de gîte.

Même parmi les naturalistes tout à fait acquis à la théorie de la descendance et qui payent un juste tribut d'hommages à l'œuvre de Darwin, quelques-uns ont émis des doutes sérieux sur l'origine de ce phénomène par la sélection naturelle. Comme Lange l'observe avec raison, l'apparition des premières variétés d'animaux, ressemblant à s'y méprendre aux plantes qui leur servent d'alimentation, est déjà difficile à expliquer par la théorie de la sélection; encore plus la fréquente répétition des cas analogues. Dans une conférence très intéressante tenue à Liverpool, dans laquelle il avait groupé toutes ses objections contre la doctrine de la sélection de Darwin, l'entomologiste anglais Bennet a très bien démontré ce qui suit : que la ressemblance de beaucoup d'insectes avec les branches ou les feuilles des plantes dont ils se nourrissent, avec la couleur et la forme de l'écorce de l'arbre ou des feuilles tombées et desséchées de la forêt sur lesquelles ils rampent ou reposent, avec la teinte ou le dessin des fleurs sur lesquelles ils se posent de préférence, et même avec les parties inorganiques du sol sur lesquelles ils se tiennent souvent, présente toute une série de phénomènes trompeurs, faits pour jeter l'observateur dans le plus grand étonnement.

Pour que le simple hasard de variations spontanées, chacune très différente par sa nature, et dont toutes sont loin d'être favorables, ait pu amener, de concert avec la sélection, ces adaptions de formes, de couleurs, de traits, qui se trouvent si merveilleusement combinées dans la nature entre les insectes et les plantes qui leur servent d'abri, il faudrait pour cela, comme l'observent avec raison Bonnet et Lange, « une telle réunion de hasards favorables que le nombre des probabilités aurait dû être incommensurable. »

Les analogies trompeuses que l'on rencontre entre la couleur et même la forme de beaucoup de papillons, de coléoptères et surtout de leurs larves et le tronc, les branches, les feuilles ou les fleurs de la plante sur laquelle ils vivent, même parfois avec la terre, le sable ou les pierres du sol sur lesquels ils se posent de préférence et jusqu'avec les excréments d'autres animaux, tous ces phénomènes, aussi énigmatiques qu'intéressants, avaient

depuis longtemps attiré l'attention des entomologistes, bien avant même que la discussion de la
théorie de Darwin leur eût donné une nouvelle
importance et les eût baptisés du nom de « mimétisme ». Ces phénomènes et d'autres du même
genre recevront leur solution scientifique le jour
où l'origine des espèces sera éclaircie.

L'auteur de ces lignes se rappelle parfaitement
les discussions soutenues dans sa jeunesse sur ce
sujet avec le docteur Karl Kuster à Erlangen et
avec d'autres entomologistes de ses amis à Munich
et à Augsbourg. Il est vrai qu'alors nous manquait
la vive lumière que le livre de Darwin sur l'*Origine
des espèces* vint répandre quelques années plus
tard, en faisant ressortir à nos yeux ces deux facteurs principaux de toute forme organique déterminée : la variabilité individuelle et l'hérédité des
caractères individuels innés aussi bien qu'acquis.
Pourtant dès lors je faisais déjà, sur la cause essentielle des singulières analogies que présentent certains insectes avec les plantes qui les nourrissent,
des conjectures que de longues études de naturaliste, faites dans ma patrie aussi bien que dans
d'autres parties du monde, finirent par changer en
certitude.

Déjà à cette époque je considérai le phénomène
du « mimétisme » comme le simple résultat du
besoin de se protéger, propre à tout animal, besoin

qui le guide avec un instinct sûr dans la recherche
et le choix d'un domicile approprié ou d'un abri
protecteur. Les animaux les plus inférieurs sont
doués de la conscience ou tout au moins de la
vague perception des dangers qui menacent leur
existence. Ils cherchent à les éviter et sont cons-
tamment sur leurs gardes. Beaucoup de coléoptères se laissent tomber des branches ou font les
morts dès que la main de l'homme ou quelque
oiseau s'en approche. Le papillon qui, il n'y a
qu'un instant, reposait à l'état de chrysalide immo-
bile, sait instantanément se servir de ses ailes pour
se sauver et gagner l'endroit qui peut lui offrir un
refuge. Aucun insecte n'a recours à des manœuvres
plus ingénieuses pour échapper à la main de
l'homme, son persécuteur, que la punaise commune, dont les ruses excitent l'étonnement à bon
droit. Dès qu'on allume une bougie, elle se sauve
au plus vite ; à la pointe du jour, elle n'a garde de
rester ni sur le traversin ni sur les draps du dor-
meur, mais se tapit dans les fentes et les trous du
bois de lit, dans les tapisseries et les cadres des
tableaux, avec lesquels elle s'harmonise par sa
forme et sa couleur et où elle échappe facilement
aux regards. Les larves de nombreux insectes
agissent de même dans la recherche d'une cachette
favorable qui puisse les soustraire à la poursuite
des oiseaux, des ichneumonides et d'autres enne-

mis du même genre. Il en résulte les cas les plus singuliers de « mimétisme ». Tout entomologiste connaît la chenille d'une des espèces communes de nos phalènes rayées, la *Catocala nupta*, et sait combien il est difficile de la distinguer de l'écorce des vieux troncs des saules, entre les fentes et les sillons de laquelle elle repose ordinairement durant le jour ; pour y parvenir, il faut une expérience de plusieurs années. Dans toute la structure de son corps, dans les moindres détails des parties, cette chenille imite si parfaitement, par la forme aussi bien que par la couleur, l'écorce du tronc d'arbre sur laquelle elle repose, que l'œil peu exercé des personnes auxquelles nous l'indiquions ne parvenait pas toujours à l'en distinguer. Ce cas très remarquable de « mimétisme » se produit de préférence le jour, quand la chenille de la *Catocala nupta* est exposée à de grands dangers de la part d'oiseaux insectivores. Au crépuscule, elle entreprend régulièrement des explorations le long des branches et des feuilles du vieux saule, afin d'assouvir sa faim, et aux premiers rayons du matin redescend pour se tapir en toute sûreté dans quelque fente de l'écorce du tronc à laquelle elle ressemble.

Nous avons là sous les yeux un exemple frappant du fait que la ressemblance protectrice de l'animal avec son gîte est le résultat des migrations quotidiennes de la chenille. Si durant le jour elle continuait à rester sur les branches vertes de l'arbre, elle n'y aurait trouvé aucune protection, et le phénomène du « mimétisme » n'aurait pas eu lieu.

La chenille de la jolie phalène jaune à raies, *Catocala paranympha*, qui vit sur le prunellier, présente un exemple plus frappant encore d'analogie protectrice. Par sa couleur, par sa forme et surtout par les petites excroissances en forme d'épines qu'elle porte sur le dos, cette chenille ressemble à s'y méprendre aux branches de sa plante nourricière. Aussi y reste-t-elle posée tout le long du jour, n'ayant pas besoin d'entreprendre chaque matin des migrations semblables à celles de l'espèce voisine ci-dessus mentionnée. Quoique la chenille de *Catocala paranympha* se nourrisse aussi du feuillage d'autres arbres fruitiers, pourtant la phalène ne manque jamais de déposer ses œufs sur un prunellier, dès qu'il y en a dans le voisinage. L'instinct hérité de la conservation sert presque toujours de guide sûr au papillon dans le choix de la plante destinée à servir d'abri et d'alimentation à sa progéniture. Cependant, quand il s'agit de sa propre sécurité, la même phalène choisit un tout autre endroit pour le repos du jour. Généralement, on la trouve posée, les ailes de derrière repliées, sur de vieux troncs de saules de chênes, de tilleuls, dont la couleur et le dessin se confondent avec ses ailes de devant et dissimulent sa présence.

C'est dans les environs d'Augsbourg, sur les bords du Lech, dans l'endroit surnommé Dammallée, où j'allais souvent avec d'autres collectionneurs entomologistes à la recherche de belles phalènes, que je pus saisir sur le fait que le phénomène du « mimétisme » résulte chez nos papillons de nuit des migrations et du choix conscient de leur gîte. Sur les troncs des vieux saules qui bordent l'avenue du Lech étaient tapies toute espèce de phalènes, aux élytres grises et brunes, parmi lesquelles l'espèce *Catocala electa* était la plus nombreuse. Un jour, on établit dans le voisinage une vaste clôture en planches que le propriétaire destinait à servir de séchoir pour le linge. Aussi longtemps que la nouvelle clôture conserva la couleur du bois frais, on ne vit point de phalènes dessus. Mais, dès qu'elle eut pris avec le temps une teinte d'humidité grisâtre, beaucoup de papillons de nuit vinrent s'y poser, de préférence pourtant ceux qui à l'exemple des phalènes à raies ci-dessus mentionnées, ou de certaines espèces du genre *Cucullia*, offraient par la teinte grise de leurs élytres la même analogie avec les planches de la clôture qu'avec les arbres du voisinage.

Un phénomène analogue de « mimétisme » résultant de la manière la plus évidente de l'instinct de la conservation, du besoin de se protéger, s'observe dans nos prairies alpestres, où les fleurs aux couleurs variées croissent ensemble en plus grande quantité que dans les plaines. Si l'on y observe les nombreux lépidoptères jaunes diurnes de l'espèce *Colias*, les lépidoptères blancs de l'espèce *Pontia*, on les verra à la lumière du jour se poser sur les fleurs les plus diverses, la grande rapidité de leurs ailes les préservant suffisamment contre la poursuite des oiseaux. Vers le soir au contraire, on verra ces diverses espèces rechercher les corolles des fleurs dont la teinte concorde avec la leur. Les lépidoptères diurnes aux nuances foncées, les espèces du genre *Hipparchia* par exemple, choisiront de préférence dans la forêt des objets foncés, tels que les troncs des arbres ou les rochers; ils s'y tapissent les ailes ployées et y trouvent l'abri le plus favorable.

Chaque chambre tapissée de tentures aux couleurs diverses peut servir de lieu d'expérience pour ledit phénomène. Si on y laisse entrer des lépidoptères diurnes et nocturnes, nouvellement éclos, de nuances différentes, on ne tardera pas à observer que chacun d'eux ira se poser, les ailes ployées, sur les tentures dont les couleurs concordent avec les siennes.

Parmi les chenilles, c'est surtout la famille riche
en espèces des *palmées* (Geometridæ) qui fournit
des exemples de surprenant « mimétisme », c'est-
à-dire d'une similitude parfaite entre la forme et
la couleur de ladite chenille palmée avec les branches et les feuilles de l'arbre, qu'un instinct sûr
de conservation lui a fait élire pour domicile. De
même, on trouve au sein de la nature, parmi les
insectes des autres classes, les coléoptères, les
hémiptères, les orthoptères, etc., une quantité
d'exemples de cette similitude protectrice entre
l'insecte et la plante qu'il recherche et qui lui ga-
rantit un sûr abri.

Tout collectionneur qui a visité les côtes septentrionales de l'Afrique aura observé les espèces
spécifiques si nombreuses du remarquable genre
Sepidium. Il aura certainement remarqué que, sur
cette terre presque dépouillée de végétation, ces .
coléoptères, qui, à cause de leur lourdeur, tom-
bent facilement au pouvoir de leurs ennemis,
recherchent, pour s'y poser, les parties du sol qui
offrent le plus de similitude avec eux, surtout les
endroits où il n'y a pas de végétation. Les coléoptères à trompe du genre *Brachycerus*, qu'on trouve
dans le nord de l'Afrique, les capricornes du genre
Dorcadion, dont les variétés abondent particulièrement dans l'Asie Mineure et dans l'Arménie et
que leurs petites ailes repliées rendent impropres

à la fuite, cherchent de même à se sauvegarder en se posant sur le sol, le sable ou les pierres dont la nuance se confond avec la leur.

Sur le versant sud du Caucase et dans les régions boisées de la Géorgie, l'œil exercé lui-même du naturaliste ne parvient que difficilement à distinguer la blatte *Carabus septemcarinatus*, à l'organisation si caractéristique, des feuilles sèches et des arbres fraîchement abattus sur lesquels elle se pose. Le *Mormolyce phyllodes* de Java, très connu par sa ressemblance avec les feuilles sèches, est un coléoptère à formes bizarres. Sa prudence instinctive lui fait choisir son gîte sur les feuilles mortes des forêts situées à 2000-3000'. La similitude imitative que présentent beaucoup d'orthoptères des tropiques, en particulier les espèces de la famille des phasmides ou Gespenstheuschrecken et celle des mantides ou Hangheuchrecken avec les branches, les feuilles et même les épines des plantes qu'ils habitent, est surprenante au plus haut degré sous le rapport de la forme, du dessin aussi bien que de la couleur. Pourtant l'étonnement que provoque ce fait si curieux de « mimétisme » ne tarde pas à diminuer, quand on songe à l'inépuisable richesse de formes et de couleurs que présente le monde végétal ainsi que celui des insectes sous les tropiques. Il n'est donc guère difficile non seulement aux espèces d'insectes qui sont déjà constituées, mais encore aux variétés individuelles anormales qui surgissent de temps en temps, de trouver parmi ces innombrables plantes, si diverses, celles dont les formes et les couleurs offrent avec elles le plus de similitude. Ces dernières seules leur présentent un abri sûr contre la poursuite et une embuscade favorable pour guetter leur proie.

C'est un fait certain que les individus qui par leurs caractères morphologiques s'écartent notablement du type normal de leur espèce par suite de causes *physiologiques internes*, tout à fait indépendantes des causes *externes*, se rencontrent le plus souvent parmi les espèces très fécondes. Il est aussi fort naturel qu'en partie pour échapper aux dangers que leur attirent leur forme et leur couleur particulières, en partie pour éviter les tracasseries des membres normaux de leur espèce, les individus anormalement organisés rechercheront, relativement, plus souvent, poussés par l'instinct de la conservation, un autre domicile que celui hanté par leur espèce. Ils chercheront un sol et des plantes mieux adaptés aux modifications qui se sont produites en eux.

C'est à dessein que je me sers ici du mot *relativement*, afin d'éviter l'étrange erreur dans laquelle sont tombés J. Hubert et après lui Georges Seidlitz. Le chiffre absolu des émigrants normaux ou très légèrement différenciés du niveau commun de l'espèce qui se sont détachés du foyer originaire, doit nécessairement être bien plus considérable que celui des émigrants très anormaux, une variation spontanée du type ne se produisant en général que fort rarement au sein de l'espèce. C'est la différence plus ou moins grande entre les conditions de leur milieu nouveau et celles du milieu qu'ils viennent de quitter qui détermine le plus souvent, au sein de ces émigrants normaux ou ne présentant que de très légères déviations, la formation d'espèces un peu accusées ou de variétés locales. Les émigrants dont l'écart individuel est plus prononcé donneront naissance à des modifications morphologiques plus marquées, et, si leur *isolation* se prolonge suffisamment, on verra se constituer de « bonnes espèces ». S'agit-il de la ségrégation d'individus très anormaux et par suite d'un concours d'heureuses circonstances, leur colonie isolée se trouve-t-elle placée dans un milieu dont les conditions diffèrent essentiellement de celles du milieu précédent, les différenciations morphologiques qui ne tarderont pas à se manifester auront un caractère encore plus tranché et pourront peut-être] donner naissance non plus à des espèces, mais à des genres nouveaux.

Je voudrais encore signaler un phénomène particulièrement curieux, décrit par beaucoup de na-

turalistes qui ont étudié les mœurs des animaux
des tropiques, principalement Bats et Wallace.
Certains groupes de papillons que les oiseaux de
proie évitent soigneusement, à cause de leur odeur
ou de leur goût repoussant, se sont associés à des
papillons de couleur analogue, mais appartenant
à des genres très différents, qui vivent sous leur
protection. Si nous admettons comme principaux
facteurs de la formation des espèces le principe
darwinien de la sélection et celui de la lutte pour
l'existence, l'explication de ce cas fort intéressant
de « mimétisme » ne sera que forcée et très invrai-
semblable. La théorie de la ségrégation, au contraire, nous en fournit une aussi simple que naturelle. Etant, parmi les individus différenciés de
l'espèce souche, les plus anormaux par la couleur
ou par le dessin, ils se sont isolés et se sont rapprochés d'autres groupes de papillons, auxquels
ils s'adaptaient mieux par suite des modifications
individuelles qu'ils avaient subies. L'instinct de
conservation, inné à tout animal, a ainsi atteint,
dans ces individus en voie de modification, un
double but ou, pour nous servir du mot de Baer,
Zielstrebigheit. Dans leur nouvelle association avec
des papillons d'un genre différent, mais dont ils
se rapprochent par la similitude de la couleur et
du dessin, nos immigrants trouvent la sécurité
contre les oiseaux de proie, en même temps qu'ils

échappent par suite de leur ségrégation de l'espèce souche à l'action absorbante du croisement, et peuvent ainsi en toute liberté développer et fixer leurs caractères particuliers.

L'expédition scientifique de la corvette anglaise le *Challenger* nous fournit un fait non moins instructif de mimétisme bien caractérisé. Plus que tout autre recueilli jusqu'ici, il est de nature à jeter une vive lumière sur la cause du curieux phénomène que nous étudions. Cette expédition a observé pour la première fois, dans ses détails, la faune des îles de varech de la mer de Sargasse. Les archipels de cette mer, formés d'innombrables îlots flottants de *Sargassum bacciferum*, sont situés dans l'océan Atlantique, entre le 22° et le 26° de latitude nord. Cet espace, relativement calme, est borné au sud par le grand courant équatorial, au nord et à l'ouest par le Gulf-Stream, à l'est par le courant du golfe de Guinée, qui se dirige vers le sud. Les tiges empennées de ces algues à la couleur olivâtre atteignent parfois une longueur de 300 mètres; elles reposent sur d'assez gros *manches*, maintenus au-dessus de l'eau au moyen de vésicules à air sphéroïdales.

La plante qui très vraisemblablement est la mère-souche de ces algues flottantes, dont elle ne diffère que très légèrement, a été découverte par Agardt sur les rochers de Terre-Neuve. Plus tard, on a trouvé dans les Bermudes une autre espèce très voisine. Les algues flottantes de cet archipel que Christople Colomb baptisa du nom de Sargasses n'ont cessé, depuis l'époque du grand explorateur jusqu'à nos jours, d'exciter l'attention et l'intérêt de tous les savants voyageurs qui traversent ces parages.

Les zoologistes de l'expédition du *Challenger*, qui étudièrent minutieusement, en 1875, la faune si bizarre de l'archipel de Sargasse, constatèrent qu'elle était composée d'espèces presque exclusivement propres à ces îles végétales. Ce fait confirmerait d'une manière éclatante la théorie de la formation des espèces par l'action de la migration et de l'isolation. Nulle part ailleurs il n'est permis de constater des exemples aussi frappants de mimétisme que ceux fournis par ces archipels. Par ses formes et plus encore par ses couleurs, la faune de ces îles d'algues semble vouloir imiter sa patrie flottante. Une teinte d'or olive domine sur le fond vert olive nuancé diversement de cette masse flottante d'algues, et la même couleur forme le trait caractéristique de presque tous les mollusques, crustacés et poissons qui y habitent. Parmi eux, on remarque de nombreuses variétés locales, plus ou moins nettement accusées, lesquelles présentent à leur tour une preuve saisissante de l'action transformatrice exercée par l'isolation. Le besoin de protection qui pousse les variétés individuelles à rechercher, parmi les algues aux multiples nuances, celles dont la teinte, se rapprochant le plus de la leur, leur offre un abri plus assuré, indique clairement, lui aussi, la cause fort simple de ce mimétisme protecteur.

Un petit crabe propre à ces parages, le *Nautilograpsus minutus* s'ébat parmi les algues en allant d'une île à l'autre. « Il est étrange, dit le rapport des zoologistes du *Challenger*, de voir à quel point ces petits êtres, très variés entre eux, correspondent en général par leur couleur aux objets parmi lesquels ils vivent. » A côté de ce crabe, on trouve en grande quantité un petit mollusque sans coquille le *Scillaca pelagica*, que sa couleur protège aussi contre les mouettes de mer dont les innombrables bandes ravagent ces parages. Le bizarre petit poisson *Antenarius marmoratus*, dont la longueur ne dépasse pas 5 centimètres, appartient à cette faune endémique de l'archipel de Sargasse. C'est lui qui arrange ces nids en varech, enroulés au moyen de fils gluants provenant de ses propres sécrétions, nids étranges qu'on rencontre flottant en grande quantité dans le Gulf-Stream.

Si l'on interroge la théorie de la sélection de Darwin sur la cause de l'origine de cette faune particulière, ainsi que sur les phénomènes de mimétisme qu'elle présente, la réponse qu'elle nous

donne est loin d'être satisfaisante. Sans le secours
de la théorie de la migration, il est même impossible d'expliquer l'apparition, dans ces îles flottantes de varech, des premiers habitants du règne
animal. Ces algues venues du nord n'ont pu
apporter avec elles leur faune actuelle, car les
types analogues manquent dans leur mère patrie.
Les premiers spécimens ont donc dû être des émigrants des mers environnantes, car c'est là que
vivent les genres et les espèces les plus voisines
de celles de Sargasse, moins la couleur qui distingue ces derniers. Parmi les millions d'individus
appartenant à ces espèces voisines de crustacés et
de mollusques, qui peuplent les parties limitrophes de l'océan Atlantique, en particulier la mer
des Antilles, on en rencontre pourtant assez fréquemment de nuances diverses; il est facile de se
convaincre du fait sur les côtes des Indes occidentales, à marée basse. Les crabes d'un gris foncé
ou brun manifestent en particulier de fréquentes
variations individuelles, depuis les nuances les
plus claires jusqu'aux teintes jaunâtres et verdâtres. Stimulées par le besoin d'être protégées, ces
variétés ont toujours un penchant à se séparer des
membres normaux de leur espèce et à chercher
un lieu de refuge dont la teinte, répondant à leurs
nuances respectives, garantisse leur sécurité. D'un
autre côté, il est tout à fait improbable que les

spécimens normaux de ces faunes marines à la teinte foncée se séparent de leur foyer pour choisir un nouveau domicile, qui leur porterait préjudice en les exposant à plus de dangers, vu que, sur ces îles flottantes, ils seraient bien plus exposés que dans la mer à l'œil perçant des mouettes. Cet instinct de conservation personnelle, propre à tous les animaux, aiguise et développe leurs facultés dans la lutte contre les dangers qui les menacent; il pousse les animaux marins, aussi bien que ceux de terre ferme, à chercher pour domicile l'endroit le plus adapté à leur couleur aussi bien qu'à leur forme. Dans tous les cas, c'est bien la ségrégation de quelques individus des espèces marines et leur isolation qui ont fourni aux îles flottantes de la mer de Sargasse leurs premiers colons et donné ainsi l'impulsion à la formation des espèces si originales de cette faune.

Il faut remarquer en outre que les « similitudes protectrices » qui y règnent entre les animaux et leur milieu végétal ne sont pas seulement un trait caractéristique de cette faune endémique, mais que c'est un phénomène local propre aux innombrables îles flottantes où l'on voit le vert olive et le jaune se répéter à l'infini dans un millier de nuances. Inexplicable par l'action du principe sélectif de la lutte pour l'existence, qui demanderait une accumulation trop extraordinaire de hasards heureux dans un espace aussi restreint, ce fait est bien plus favorable à la théorie de la migration active, en vertu de laquelle l'animal, poussé par l'instinct de la conservation individuelle, est attiré par ce qui lui ressemble. Les expériences de l'élevage artificiel qui ont démontré la tendance prononcée de chaque nouvelle variété individuelle à transmettre à la génération la plus voisine ses caractères distinctifs sous une forme plus accentuée nous aident à comprendre l'origine des variétés locales de ces îles de varech; la proximité des îlots facilite d'ailleurs beaucoup les migrations des espèces animales à la recherche d'un milieu favorable. Les phénomènes du mimétisme sont donc dans les Sargasses un produit aussi naturel de la migration et de l'isolation que les « similitudes protectrices » qui existent entre les chenilles des phalènes rayées et les rugosités des vieux troncs avec lesquelles elles semblent se confondre et qu'elles n'abandonnent que pour leurs migrations quotidiennes le long de l'arbre.

Les faits très connus de la similitude qui existe en général entre la nuance du sol des steppes, des déserts, des zones polaires et celle de la faune qui l'habite, sont aussi acceptés, et à juste titre, comme des phénomènes en grand de mimétisme.

D'après les partisans de la conception darwinienne de la sélection, les steppes, les déserts et

les immenses espaces neigeux des contrées arctiques, auraient été habités originairement par une
faune très diversement colorée. Par suite du triage
fait par la lutte pour l'existence, les spécimens à
couleur mal adaptée au milieu et par conséquent
désavantageuse auraient été peu à peu éliminés.
Mais il n'est pas difficile de démontrer les côtés
erronés de cette hypothèse. En admettant que
cette faune aux couleurs diverses eût jamais existé,
il est inexplicable pourquoi dès le début les espèces aux teintes foncées ou bariolées, c'est-à-dire
celles désavantageusement douées, seraient restées
là où elles n'avaient qu'une alimentation insuffisante, des dangers plus nombreux à courir, tandis
que les régions limitrophes boisées leur offraient
une nourriture plus abondante, un asile plus sûr
et que la migration leur était toujours possible. Ce
n'est que depuis la dernière période de l'époque
tertiaire que le Sahara se présente à nous comme
une région desséchée. Dans la période myocène,
les espaces arctiques n'étaient pas encore couverts
de neige; ce n'est que depuis lors que leur faune
actuelle s'est constituée par l'émigration.

Si, des forêts et des taillis du Soudan septen-
trional ou du versant sud de l'Atlas, des variétés
individuelles, aux couleurs particulières, étaient
attirées vers la zone des steppes qui, des deux côtés,
forme une région de transition entre le grand dé-

sert de sable et la zone des forêts, elles ne fai-
saient en cela que suivre leur instinct naturel.
Elles obéissaient à ce besoin inné de protection,
transmis par l'hérédité, qui pousse l'animal à
rechercher un habitat et un refuge dont la teinte
sympathise avec la sienne, pourvu qu'il puisse les
atteindre. Des sous-espèces claires, tirant sur le
jaunâtre, qui apparaissent parfois, parmi les espèces plus foncées des steppes, comme des variétés
individuelles plus ou moins prononcées, sont ainsi
amenées facilement, par le stimulant de la conservation personnelle et par l'expérience, à émigrer vers les oasis faciles à atteindre des déserts
limitrophes. La ségrégation et une isolation prolongée adaptent de plus en plus ces émigrés à leur
nouvelle patrie, c'est-à-dire que par le concours
si puissant des conditions modifiées de la vie elles
viennent renforcer la tendance de leur organisation à varier dans une certaine direction et finissent par constituer les formes organiques actuelles.

Un exemple intéressant entre mille à l'appui de
cette théorie nous est fourni par le Monitor du
désert de l'Egypte. Il vit dans le voisinage immédiat du Monitor commun des fleuves et se tient
pourtant toujours à l'écart de celui-ci. Le Monitor
du Nil ou lézard avertisseur, *Varanus niloticus*, est
ce grand reptile très connu que l'on trouve à côté
du crocodile, non seulement dans le Nil, mais aussi

dans tous les grands fleuves du nord de l'Afrique; il se nourrit de poissons, d'amphibiens, mais principalement d'œufs de crocodiles. Il est d'un gris brun avec des dessins d'un brun foncé en forme de mailles. On rencontre parfois parmi eux des individus à nuance plus claire qui disparaissent facilement par le croisement avec des individus à couleur normale.

Dans le désert limitrophe de la vallée du Nil, on trouve, au lieu du Monitor du Nil, une autre espèce, le *Varanus arenarius*, de la même nuance gris clair que le sol du désert; elle est probablement dérivée des émigrants, à la nuance claire sporadiquement apparue, détachés par ségrégation des monitors voisins du Nil. A la suite de ce changement d'un domicile humide en un milieu sec, le genre d'existence dudit animal s'est trouvé naturellement modifié; au lieu de se nourrir de poissons et d'œufs de crocodiles, il dévore les insectes et les petits reptiles, c'est-à-dire qu'il use en général d'une alimentation bien plus légère. Ce changement de domicile et de nutrition a amené une modification correspondante non seulement dans la couleur, mais aussi dans la structure morphologique du reptile, les organes de natation lui devenant désormais inutiles. On sait que le Monitor du Nil a une queue aplatie, appropriée à la natation, formant une nageoire caudale composée

3.

d'une double rangée d'écailles. Or, à son voisin et parent, le Monitor du désert, manque cette nageoire dorsale, et sa queue, à forme cylindrique, n'est pas propre à la natation. L'appareil dentaire s'est en même temps modifié, conformément au changement de nourriture.

Quand on pense que, dans tous les pays où elles se trouvent, les diverses espèces du genre Monitor sont invariablement habitantes des fleuves, à l'exception du cas que nous venons de citer et d'un autre analogue dans l'île de Timor, on est bien forcé d'admettre que ces nouvelles espèces ont été constituées par le simple fait de la migration, de la ségrégation.

L'émigration dans le désert, dont les teintes s'adaptent mieux à leur nuance, de ces variétés diverses des habitants des fleuves, n'est pas, en somme, un fait plus extraordinaire que celle de ruminants au pelage brun ou jaunâtre, de rongeurs, de carnassiers, d'oiseaux, de reptiles, d'arachnides, de coléoptères, de papillons, etc., abandonnant les forêts et les taillis du Soudan et de la Berbérie pour les steppes limitrophes et les oasis du Sahara. Les antilopes, les rongeurs, les gallinacés étaient poussés vers cette émigration par le besoin de chercher une sauvegarde dans la similitude de coloration avec le milieu ambiant; les carnassiers de même nuance, tels que lions,

chacals, et certains faucons, par celui de trouver
une alimentation plus abondante. D'autres espèces,
au contraire, au pelage plus foncé ou bariolé,
comme le léopard, ne franchissaient point la limite
de la zone des forêts. De même, l'ours brun du
vieux monde et le grand ours américain des montagnes Rocheuses ne dépassent que rarement la
limite septentrionale de la région boisée, tandis
que l'ours blanc des régions arctiques a soin de
rester dans les régions des neiges éternelles, dont
la couleur correspond à la sienne, confirmant par
là l'hypothèse en vertu de laquelle les animaux
au pelage blanc du nord proviennent des albinos
émigrés des contrées voisines, où ces variations
spontanées de couleurs surgissent plus fréquemment dans les régions froides que dans les régions
chaudes. A l'époque tertiaire, quand les palmiers
croissaient au Spitzberg et au Groënland, il n'y
avait pas de neige. Aussi les espèces animales au
pelage blanc, ne s'y sentant pas en sécurité,
n'éprouvaient pas le besoin d'y émigrer. Nous
avons sous nos yeux des exemples à l'appui : celui
du lièvre des Alpes, dont le pelage revêt en hiver
une teinte blanchâtre et qui habite de préférence
les hautes régions montagneuses couvertes de
neige, et celui de notre lièvre brun des plaines,
préférant le séjour des forêts de la plaine, dont le
sol est couvert de feuilles mortes. De même qu'un

grand nombre d'autres espèces animales qui cherchent une protection en se fixant dans un lieu dont la couleur corresponde à la leur, ils sont un exemple vivant du phénomène de mimétisme.

Loin d'être en contradiction avec la théorie de la ségrégation, comme Seidlitz le croit bien à tort, « l'ensemble des similitudes protectrices » trouve au contraire une explication toute naturelle dans le besoin de protection qui pousse les variétés et les espèces vers la migration, vers la recherche d'un domicile approprié à leur coloration et à leurs formes morphologiques, — conclusion que le savant distingué que nous venons de citer serait peut-être forcé d'admettre lui-même s'il s'était livré à un examen approfondi des faits.

Il y a dans le règne animal une classe fort intéressante, qui semble, par son organisation aussi bien que par son mode de vie, destinée *à fournir une preuve décisive de l'action exercée sur la formation des espèces par l'isolation prolongée, en dehors de toute influence de la sélection par la lutte pour l'existence.* Par les particularités de son évolution ontologique elle présente à l'observateur plus de difficultés que la plupart des autres divisions du règne animal. Aussi n'est-elle étudiée de plus près par les zoologistes que depuis peu de temps.

On donne le nom de *spongiaires* ou éponges à ces organismes animaux à la structure morpholo-

gique si étrange, qui, à l'exception d'un seul genre
que l'on trouve dans l'eau douce, habitent le fond
des mers. Fixés solidement à leurs domiciles, ils
y passent toute leur existence dans une isolation
complète.

Grâce aux remarquables travaux de Lieberkühn
sur la *Spongilla*, à la monographie des éponges
d'Ernest Haeckel, véritable œuvre de maître, aux
excellents travaux d'Oskar Schmidt sur les spongiaires en général et sur ceux de l'Adriatique en
particulier, nous possédons aujourd'hui des con-
naissances très exactes sur cette classe importante
du règne animal.

En les isolant complètement et les soustrayant
ainsi à la concurrence avec les autres membres de
leur espèce, à l'action de ce triage que produit la
lutte pour l'existence, la ségrégation rend ces
spongiaires, ou ces colonies de spongiaires, très
propres à servir de pierre de touche dans la question en litige. L'action de la migration et de l'isolation suffit-elle à elle seule, par l'effet d'un simple
changement de domicile, accompagné d'ordinaire
d'un changement analogue dans les conditions
alimentaires et favorisant le développement des particularités caractéristiques des colons, à expliquer
une déviation morphologique considérable du type
maternel? Le résultat des recherches donne à
cette question une réponse tout à fait satisfaisante.

La reproduction normale des éponges a lieu, comme on sait, à l'aide d'œufs fécondés. Les organes mâles et femelles de la génération (spermatozoaires et œufs) se développent soit dans le même agrégat, soit dans des agrégats et des individus séparés. Les cellules spermatiques mâles se meuvent au moyen de leur queue et pénètrent dans les ovules femelles libres. C'est ce qui constitue chez les éponges l'acte de la fécondation. Dans cet œuf fécondé, se forme un corpuscule en forme de mûre, pourvu d'une cavité centrale, qui à son tour donne naissance, par une différenciation des cellules, à une larve, dont la partie antérieure est constituée par des cellules claires et la partie postérieure par de grosses cellules sphéroïdales, granuleuses.

La larve (planula), qui chez les éponges calcaires possède déjà parfois des spicules, se détache tout à fait du corps maternel pour flotter librement dans la mer. Après avoir erré pendant quelque temps, après s'être livré à une migration *active*, elle choisit enfin un domicile nouveau, tout à fait séparé de l'agrégat maternel et plus ou moins éloigné de lui ; autrement dit elle se laisse tomber au fond de la mer à un endroit qui lui convient, s'y fixe et y fonde une colonie. Dès lors commence dans cet endroit isolé l'élaboration de ce merveilleux squelette spongieux, aux formes multiples,

composé d'aiguilles calcaires ou siliceuses et de
filaments cornés. La ségrégation de ces organismes
étranges a lieu au moyen d'exsudations sarco-
diques de l'exoderme, lequel, avec les couches
des cellules internes, correspond chez les spongiaires aux parties molles du corps des animaux
supérieurs et sert à la fois à la sensation, à la res-
piration, à l'alimentation et à la reproduction.

Entre les cellules des tissus, on trouve dans le
corps des éponges des cavités en forme de tubes
et de vésicules, qui s'ouvrent dans des cavités
plus petites, tapissées de cellules ciliées et débou-
chant dans les canaux. Ces canaux conduisent à
des ouvertures qui donnent accès à l'eau et qui
sont munies souvent d'aiguilles toutes spéciales.

Activé par les cils, le courant aqueux porte aux
cellules les substances alimentaires, et chacune
d'entre elles y puise sa nourriture à la manière
des Amœbes.

Personne ne contestera que dans ce processus
de formation organique d'un agrégat d'éponge,
tout dépende de la situation, des particularités et
des conditions alimentaires de leur habitat isolé,
ainsi que des aptitudes individuelles à varier de
ces colons aujourd'hui fixes, jadis errant à l'état
de larves libres. Toute influence d'une concurrence, d'un *struggle for life*, avec les membres de
l'espèce souche, se trouve donc *hors de cause* dans

le fait de la formation et du genre de vie de la nouvelle colonie. La variété des formes est très grande, surtout chez les éponges calcaires, sur lesquelles nous avons des données très précises, grâce à l'excellente monographie de Hœckel. Dans aucune autre classe animale les divergences individuelles ne sont aussi prononcées. Chaque agrégat ségrégé, chaque colonie d'individus isolée se distingue d'une autre, qui parfois n'en est pas très éloignée, à un degré dépassant souvent les distinctions morphologiques qui séparent les espèces dans les autres classes d'animaux. Cette multiplicité inouïe de formes chez les spongiaires, en ouvrant un vaste champ aux hypothèses subjectives des savants à systèmes, offre des difficultés réelles pour une classification des espèces et des genres.

Il est facile à comprendre combien les migrations *actives* des larves, ainsi que les migrations passives des éponges adultes, arrachées avec leur base par le courant de la mer de l'endroit où elles s'étaient fixées et emportées au loin, doivent contribuer à cette multiplicité de formes. Selon que, dans le cours de ses pérégrinations, la planula voguant librement est entraînée par un courant plus chaud ou plus froid; selon qu'elle se fixe au fond de la mer, à l'embouchure d'un fleuve charriant beaucoup de matières organiques ou au con-

traire à un endroit moins abondamment pourvu
de la nourriture dont elle a besoin; selon que des
circonstances locales, telles par exemple que la
profondeur plus ou moins grande de l'endroit où
la colonie s'est fixée, facilitent ou entravent l'alimentation de ses parties constitutives par l'eau
qui les baigne, toutes ces circonstances doivent
influer puissamment sur les aptitudes à varier de
la colonie isolée et lui être favorables ou défavo-
rables. *Dans tous les cas, c'est la ségrégation qui est
ici la cause mécanique la plus puissante, la plus
immédiate de toutes ces modifications morphologiques.*

Dans les chapitres de son remarquable ouvrage
consacrés à la biologie des éponges calcaires,
Hœckel s'écarte peut-être à dessein de la voie
battue, quand il se livre à la recherche de la *cause
efficiente* qui a pu donner l'impulsion aux divergences morphologiques de ces organismes curieux.
Je ne veux pas prétendre que, selon lui, le mode
de l'origine et le genre de vie des éponges calcaires excluent toute action essentielle de la sélection ou du triage dans la lutte pour l'existence.
Pourtant, dans ses observations sur les « foyers
originaires » ou « points centraux de formation »,
que l'on devrait nommer plutôt « centres d'origine », Haeckel fait des concessions importantes
à la théorie de la migration. Voici ce qu'il dit,
vol. I, p. 448 : « *Ici, comme dans le monde orga-*

nique en général, les nombreuses migrations, dont l'importance a été surtout indiquée par Moritz Wagner, jouent un rôle important et on peut admettre avec certitude que bien fréquemment elles ont contribué à la « formation des espèces ». Pour la chorologie des éponges calcaires, il faut tenir compte d'un fait très important : non seulement nageant en liberté à l'état de larves, elles peuvent se répandre au moyen de migrations actives, mais encore, se fixant de préférence sur les plantes marines, en particulier sur les espèces *Fucus* et Sargasses, si facilement arrachées et emportées par les courants, elles sont avec elles entraînées à de grandes distances dans la mer. Un nombre assez considérable de ces éponges, en particulier celles des océans Pacifique et Indien, n'ont été trouvées jusqu'à présent que sur ces varechs flottants, et l'on peut se demander si le lieu de leur origine n'est pas très éloigné de celui où on les a recueillies. Dans tous les cas, force est d'admettre que ces migrations passives sont un moyen très favorable à la propagation géographique d'une grande quantité d'éponges calcaires. »

Tout naturellement, nous reconnaissons la justesse de cette opinion de Hœckel, qui vient ainsi fournir de nouvelles preuves à l'appui de notre théorie. Nous aurions voulu pourtant voir l'éminent naturaliste se prononcer plus catégoriquement sur la question suivante : quelle part peut avoir dans l'origine de ces caractères morphologiques la sélection par la lutte pour l'existence chez des organismes dont l'isolation individuelle et le mode particulier de vie rendent presque impossible toute concurrence entre les individus de l'espèce ? Le mot sélection a-t-il un sens pour l'origine de ces espèces constituées simplement par les deux facteurs du changement des conditions alimentaires dans un milieu nouveau et par l'aptitude individuelle à varier des colonies isolées ?

La migration, comme cause *efficiente mécanique* de la formation des espèces, n'est pas chez les éponges calcaires une cause *fréquente*, selon le mot de Hœckel, mais bien une cause *unique*. Précisément, la multiplicité extraordinaire de formes morphologiques dans un ordre du règne animal si nettement caractérisé par l'isolation individuelle, est une des preuves les plus concluantes à l'appui de la théorie de la ségrégation. Les pérégrinations passives qu'effectuent, bien malgré elles, dans les immensités de la mer, les éponges fortement fixées sur les fucus et les algues arrachés par les courants, ne sont pas seulement un excellent moyen de propagation géographique, comme Hœckel le remarque avec raison, elles sont encore un moyen non moins efficace de produire, par un changement absolu des conditions du milieu, ces notables divergences morphologiques que nous constatons si souvent. Le fait que beaucoup de genres et d'espèces remarquables d'éponges calcaires se trouvent exclusivement sur ces algues flottantes est *un argument aussi irréfutable que peuvent le désirer les partisans de la théorie de la ségrégation.*

Comme point de comparaison avec les spongiaires, prenons une classe d'animaux non moins riche en variétés morphologiques et qui présente le contraste le plus frappant avec les premiers, par la remarquable faculté de locomotion dont elle est douée, faculté admirablement adaptée aux migrations actives et présentant par ce caractère un contraste tranché avec les éponges. Nous trouvons dans son sein une famille qui, par son expansion géographique et par l'apparition locale des genres, des espèces et des variétés les plus diverses, aussi bien que par la merveilleuse diversité de ses formes morphologiques, est tout à fait propre à nous donner la clef de l'origine de cette richesse de formes.

La famille des Trochilidés comprend trentequatre genres, près de cinq cents espèces décrites et une grande quantité de variétés locales constantes. Le chiffre réel des espèces est probablement double, car elles abondent surtout dans l'immense région des forêts où les grands fleuves de l'Amérique du Sud prennent leur source, ainsi que dans la région des Andes tropicales, c'est-à-dire dans des contrées encore très peu explorées au point de vue ornithologique.

Quelque riche en variétés que soit cette famille d'oiseaux, certains traits caractéristiques sont pourtant communs à toutes ses espèces. Le bec du trochilidé est toujours long et mince, la langue longue et fendue, les ailes longues et pointues, les pattes très petites, fines et faibles. Mais, à côté de ces traits caractéristiques communs à toute la famille, quelle étonnante diversité de particularités morphologiques dans la grandeur, la forme, le dessin aussi bien que la couleur des plumes, en particulier dans les *Trochilidæ* ou colibris proprement dits. Ils portent autour du cou une sorte de bouclier de plumes, étincelant de couleurs et de dessins aux reflets métalliques d'une rare splendeur, et la tête, la queue et les pattes sont ornées du plumage le plus varié, aux nuances harmonieuses.

Les trochilidés se trouvent confinés en Amérique, car, malgré leur agilité au vol, ils ne pourraient franchir l'immense ceinture de mers qui des deux côtés baigne le nouveau continent. Mais en Amérique nous trouvons les genres et les espèces les plus variés de cette famille, disséminés sous les latitudes les plus diverses aussi bien qu'à tous les points d'altitude. On les trouve depuis l'équateur jusqu'à la pointe sud la plus extrême de la Patagonie et de la Terre de Feu, au nord jusqu'à la baie d'Hudson et au Labrador, par conséquent sur une étendue de 120 degrés de latitude, dans les régions les plus opposées, depuis les côtes si chaudes des deux océans jusqu'aux neiges éternelles des sommets des Andes, près de Quito, à 15 000' au-dessus du niveau de la mer.

Mais, s'il y a beaucoup d'espèces d'*oiseaux migrateurs* qui atteignent une grande extension géographique, le nombre d'*espèces à demeures fixes*, confinées souvent dans une région très limitée, qu'elles n'abandonnent pas facilement, est bien plus considérable encore. Ici, un fait capital attire notre attention : tandis que chez les espèces fixes les variétés en voie de modification, c'est-à-dire les espèces ou les variétés locales, très voisines les unes des autres, nous apparaissent principalement dans le voisinage immédiat de leur foyer originaire, dont elles sont pourtant ségrégées et isolées, chez les oiseaux migrateurs ces formes morphologiques en voie d'évolution manquent presque complètement dans la même région que l'espèce souche et ne nous apparaissent que de l'autre côté de la chaîne des montagnes qui servent d'ordinaire de ligne de démarcation. Quand par hasard il s'en trouve dans la même région, ce n'est jamais que dans des points sporadiques de celle-ci.

Ainsi le géant des colibris américains, le *Patagona gigas* Viellot, que l'on rencontre dans les pampas de la Patagonie et sur les côtes méridionales du Chili, se retrouve jusque dans les régions les plus hautes des Andes de la Bolivie, où Warzewicz l'a rencontré entre 12 000' et 14 000' pieds d'altitude. Mais, dans toute cette vaste région, nous ne voyons aucune autre espèce très voisine de celle-ci. Une autre espèce, l'*Eustephanus galeritus*, s'étend, selon l'avis de Darwin, sur un espace plus vaste encore. Ce colibri, que le capitaine King a trouvé dans un tourbillon de neige dans la *Terre de Feu*, est répandu dans tout le Chili, dans une partie de la Bolivie et du Pérou jusqu'au 10° de latitude sud, sur un espace de 2500 milles carrés anglais. Plus répandu encore est le *Trochilus colubris*, si connu de tous ceux qui ont visité les forêts voisines de la chute du Niagara et celles du Canada. Migrateur par excellence, cet oiseau pénètre en été dans le Labrador jusqu'au 61° nord et s'avance en hiver dans le Mexique et sur les côtes occidentales du Guatemala jusqu'au 15° de latitude. Par contre, cette espèce ne dépasse pas les montagnes Rocheuses et s'arrête au pied oriental de cette chaîne gigantesque. Ce n'est que de l'autre côté de celle-ci, sur les côtes occidentales de l'Amérique du Nord, que l'on trouve son remplaçant le *Trochilus Alexandri*, qui, en été, émigre dans la Colombie britannique et s'établit en hiver dans le sud-ouest du Mexique, tout en restant toujours strictement isolé de l'espèce orientale en voie de modification.

Les autres espèces migratrices parmi les *Trochilidés*, telles que *Lampornis mango*, *Petasophora serrirostris*, *Cometes sparganurus*, *Chrysolampis moschitus*, sont aussi curieuses que très répandues. Mais bien plus nombreux que ces dernières, et s'étendant par conséquent sur un territoire bien plus étendu, sont les oiseaux à demeure fixe, faisant partie de cette grande famille américaine, les espèces trochilidées proprement dites. Le domaine respectif de quelques-unes d'entre elles est resserré dans des limites très étroites, limites qui ne sont franchies que par quelques individus ou par des couples isolés, mais dont le grand nombre ne s'écarte guère. Chez les espèces à résidence fixe de la grande famille des colibris, la création des espèces par voie de ségrégation nous présente les résultats les plus surprenants. « Chaque degré d'altitude des Cordilières de l'Amérique, dit le célèbre ornithologue anglais Gould, possède une espèce de colibris qui lui est particulière. Ces espèces varient à peu près tous les mille pieds sur les différents versants, à mesure qu'on s'élève de la base jusqu'à la région des neiges. » Gould aurait pu en tirer la conclusion que, sur les volcans isolés et les pics des Andes, ce changement des espèces a lieu dans le sens horizontal aussi bien que vertical. *Chaque pic isolé très élevé possède dans sa région supérieure une ou plusieurs espèces, qui lui sont tout à fait particulières et dont la parenté avec l'espèce voisine des montagnes avoisinantes est manifeste.*

C'est chez le genre *Oreotrochilus,* habitant les hautes régions des Andes et dont les espèces ou variétés manifestent d'ordinaire; selon les localités, des divergences constantes dans la couleur et le dessin, que ce fait curieux se révèle surtout d'une manière saillante. Le colosse du Chili, l'Akonkagua, possède un colibri tout particulier, l'*Oreotrochilus leucopleurus,* découvert par Bridges à la hauteur de 10 000 pieds; ce colibri diffère notablement des espèces de la Bolivie et du Pérou. Les volcans Cotopaxi et Pichincha possèdent dans la région de 10 000' à 14 000' d'altitude une espèce particulière qui manque sur les hauteurs avoisinantes, le Chimborazo, l'Antisana, le Tunguragua et le Cayambe, où elle est remplacée par des espèces très voisines, mais se distinguant néanmoins par certaines divergences très constantes. En ne considérant même celles-ci que comme des variétés locales, il n'en est pas moins très instructif et très important, au point de vue de la cause mécanique efficiente de la formation des espèces, de constater ici l'action modificatrice de l'isolation; on voit que, alors même qu'elle se manifeste dans un voisinage immédiat et dans une identité presque complète des conditions de la vie et du milieu, elle est le stimulant puissant de la constitution de variétés constantes nouvelles. Ainsi l'*Oreotrochilus Chimborazo*, découvert par Lattre, qui ne se trouve que sur la montagne dont il porte le nom jusqu'à la hauteur de 16 000', se nourrissant de petits diptères qu'il poursuit au sein des neiges éternelles, a sous sa gorge bleue une petite raie verte, laquelle raie manque complètement à son plus proche voisin, l'*Oreotrochilus Pichincha*, qui habite le volcan du même nom.

Des faits analogues, non moins intéressants, nous sont offerts par le genre *Ramphomicron*. Le *R. Stanleyi*, découvert par Bourcier sur le Pichincha, porte sur la gorge une grosse tache aux reflets métalliques d'un beau vert d'émeraude dans sa partie supérieure, d'un rouge de rubis dans la partie inférieure; mais chez les espèces du même genre en voie de modification qui peuplent les autres sommets isolés de la république de l'Equateur, de la Colombie, du Pérou et de la Bolivie, cette tache fait absolument défaut, ou se distingue par un dessin et des couleurs tout autres. Dans ses régions moyenne et supérieure, ce même volcan possède encore quelques autres espèces particulières de Trochilidés, qu'on n'a pas trouvées jusqu'ici sur aucune autre montagne. Parmi elles, l'*Eriocnemis lugens*, au plumage foncé, nous présente un des échantillons les plus intéressants d'une espèce endémique nettement caractérisée. Il a été découvert par le docteur Jameson.

Bon nombre d'autres espèces, que l'infatigable collectionneur Warzewich recueillit sur les volcans isolés et éteints de l'Amérique centrale et de l'Amérique du Sud et que Gould décrivit, ont de même un caractère rigoureusement endémique, c'est-à-dire qu'elles sont limitées à une région donnée, le plus souvent à une certaine montagne. Tel est le cas pour le magnifique colibri *Selaphorus Scintilla*, à la gorge de rubis, au dos d'un beau vert et au ventre blanc, que le naturaliste ci-dessus nommé découvrit sur le volcan Chiriqui, à la hauteur de 9000', et que plus tard je collectionnais sur la même montagne dans une région un peu plus basse.

De même, quelques-unes des gorges profondes des Andes si nettement découpées, qui portent le nom de *Quebradas* et de *Barrancas*, nous révèlent des espèces toutes particulières, au caractère endémique, que jusqu'ici on n'a pu retrouver nulle part ailleurs. Le magnifique *Eugenia Imperatrix*, baptisé ainsi par Gould en l'honneur de la femme de Napoléon III et décrit par lui dans son grand ouvrage sur les Trochilidés, est strictement limité à une profonde *Barrancas* du plateau élevé du Quito; autant que nous le savons, sa présence n'a été encore constatée dans aucun autre lieu.

Des exemples analogues de l'existence tout à fait séparée d'espèces endémiques pourraient être cités à l'infini. Mais, comme ils devraient inévitablement être accompagnés de termes spécifiques, nous éviterons d'entrer dans de plus amples détails, afin de ne pas trop fatiguer le lecteur peu versé dans l'ornithologie.

Résumons succinctement les résultats que nous donne la chorologie des Trochilidés au point de vue de la question qui nous occupe. Toutes les espèces migratrices répandues sur un vaste espace, appartenant à cette famille d'oiseaux si riche en formes morphologiques, ne nous montrent, dans toute l'immense région qu'elles occupent, que fort peu d'espèces substituantes, c'est-à-dire d'espèces analogues vivant dans leur voisinage immédiat. Ces dernières n'apparaissent d'ordinaire que de l'autre côté des chaînes des montagnes servant de lignes de démarcation. Là où semblent surgir des exceptions à cette règle, une étude plus approfondie des conditions chorologiques nous indique toujours qu'il s'agit de foyers détachés, placés dans des points sporadiques, qui n'ont pas été envahis par l'espèce souche et dont les immigrants ont joui d'une isolation suffisamment prolongée.

Dans le nombre bien plus considérable d'oiseaux à demeure fixe, appartenant à cette grande famille, dont les espèces sont limitées à des aires d'habitats d'une étendue plus ou moins grande, on voit au contraire surgir, en grande quantité, des espèces et des variétés se substituant les unes aux autres et habituellement dans le voisinage le plus proche. Ce changement d'espèces a lieu dans la direction horizontale sur les plateaux élevés et dans les hautes vallées fermées des Cordilières, aussi bien que sur les sommets isolés dans l'intervalle de dix à vingt milles, et dans le sens vertical dans des intervalles plus rapprochés, de 1000 à 1500'. Lorsqu'apparaissent sporadiquement, à divers endroits très éloignés les uns des autres, des espèces tout à fait semblables, qui n'offrent point de variétés locales, presque toujours la rareté de cette forme morphologique, le chiffre très restreint des individus qui la composent, indiquent nettement l'âge avancé de l'espèce. Les vieilles espèces qui ont dépassé le stade où elles sont aptes à varier ne sont plus capables, comme les faits nous l'enseignent, de constituer des espèces nouvelles,

4.

alors même que certains de leurs émigrés seraient soumis à l'action d'une ségrégation prolongée. On .e voit, tous les faits fournis par la géographie et la chorologie des Trochilidés sont tout à fait en faveur de la théorie de la ségrégation.

Etudions à présent l'extension géographique et l'existence locale de quelques autres familles et genres du règne animal aux caractères morphologiques très prononcés, dont le genre de vie et les aptitudes de locomotion présentent un contraste aussi tranché avec les éponges qu'avec les oiseaux, habitants de l'air. Si, en dépit de ce contraste, les documents chorologiques nous fournissent les mêmes arguments en faveur de notre thèse, savoir que la migration et l'isolation sont les causes efficientes de la formation des espèces, le fait devra nous paraître tout à fait concluant. Cette fois, c'est dans la classe des reptiles, dans l'ordre des Ophidiens, que nous choisissons notre exemple. Chez le genre dont nous allons nous occuper, genre aussi intéressant par ses caractères morphologiques que par son extension géographique, l'action de l'isolation géographique sur la formation des espèces s'est manifestée d'une manière frappante, malgré le nombre relativement restreint des espèces.

Le genre des serpents à sonnettes, *Crotalus*, est, lui aussi, exclusivement propre à l'Amérique. Par

contre, une autre forme typique des serpents ve-
nimeux, très voisine du Crotalus, quoique nettement différenciée, le genre *Trigonocephalus*, a des
représentants aussi bien dans l'ancien monde que
dans le nouveau. Pourtant, chez lui aussi, la ségrégation géographique et non le climat ont produit deux divergences morphologiques essentielles, qui servent de base aux classificateurs pour
en faire deux sous-genres. Toutes les espèces américaines de ce genre n'ont qu'une seule rangée
d'écailles sub-caudales, tandis qu'en général les
espèces asiatiques en possèdent deux.

Les différentes espèces du genre *Crotalus*, caractérisé par une sonnette au bout de la queue, habitent soit des régions tout à fait séparées, soit des
aires s'écartant notablement des frontières de leur
foyer d'extension, mais qui se suivent en série
comme les anneaux d'une chaîne et indiquent clairement que c'est dans la ségrégation dans l'espace
qu'il faut chercher la cause de la formation de
l'espèce. Ce genre très caractéristique est issu,
selon toute évidence, d'un foyer d'origine commun d'où les émigrants ont rayonné dans les directions les plus diverses.

Le *Crotalus Durissus*, espèce du serpent à sonnettes la plus répandue dans le nord, s'étend avec
ses diverses variétés locales dans la partie orientale de l'Amérique du Nord, depuis le 45° de lati-

tude nord jusqu'au Texas. Plus loin au sud, on trouve strictement isolé de l'espèce précédente le *Crotalus rhombifer*. Dans le sud-ouest des Etats-Unis, limité à ses savanes arides, nous apparaît comme son substitut le *Crotalus miliarius*. Dans le bassin nord-ouest du Mississipi, au pied des montagnes Rocheuses, nous voyons apparaître le *Crotalus tergeminus*, qui se rattache intimement aux espèces ci-dessus, tandis que dans le Texas méridional et dans l'Amérique du Nord le *Crotalus confluentus* se substitue à son voisin.

Une vaste région sépare cette dernière espèce du *Crotalus horridus* de l'Amérique du Sud, le plus connu et le plus répandu des serpents à sonnettes que l'on trouve fréquemment dans l'ouest de la Colombie, le Vénézuela et le Brésil. D'après la théorie de la ségrégation, on devrait admettre *à priori* l'hypothèse selon laquelle les parties mitoyennes de l'Amérique centrale, très imparfaitement étudiées sous le rapport zoologique, contiennent d'autres espèces encore non décrites. Dans le fait, cette hypothèse se trouve en partie confirmée, attendu que les serpents à sonnettes collectionnés par moi à Costa-Rica ont été reconnus par le savant naturaliste le docteur Fitzinger, après un examen minutieux, pour une nouvelle « bonne » espèce.

L'ordre des Crocodiles, dans lequel entraient

autrefois les lézards, constitue actuellement un groupe morphologique tout à fait à part, aussi bien sous le rapport de la forme du squelette, en particulier du crâne, que sous celui des organes de nutrition, de circulation et de reproduction. Dans cet ordre, un seul genre représente dans la zone chaude du vieux et du nouveau monde le crocodile proprement dit. Mais ici encore les espèces et les variétés particulières se rattachant à ce genre, incontestablement très ancien, s'en trouvent séparées géographiquement et ségrégées de préférence sur les limites de sa zone d'extension. Le crocodile commun du Nil présente lui-même quatre variétés locales diverses, isolées les unes des autres, offrant chacune, selon Duméril, des caractères constants particuliers. Les espèces séparées par de plus grands espaces, telles que le *Crocodilus biporcatus* des embouchures des fleuves de l'Hindoustan et des îles de la Sonde, le *Crocodilus galeatus*, confiné jusqu'ici dans le Siam, le *Crocodilus catafractus* des côtes sud-ouest de l'Afrique, le *Crocodilus Gravesii* du Congo, de même que les espèces de crocodiles que l'on trouve dans les fleuves des Antilles et de l'Amérique du Sud, forment des groupes assez nettement distincts sous le rapport morphologique pour être considérés, d'accord du reste avec leur isolation géographique, comme de « bonnes » espèces.

Une famille très voisine de celle des crocodiles,
la famille des Alligators américains, nous présente le même fait d'extension géographique. Elle
habite exclusivement la zone torride, entre le 30°
et le 34° de latitude sud, et chacune de ses espèces
est limitée à sa province respective. Bien que l'ex-
ploration scientifique des côtes de l'Amérique tro-
picale soit encore très insuffisante, on peut déjà
admettre *à priori*, en se basant sur la théorie de
la ségrégation, que dans les vastes régions peu
étudiées qui s'étendent entre le Mexique d'un
côté, la Colombie et le Pérou de l'autre, il existe
vraisemblablement d'autres espèces non signalées
par la science. L'*Alligator lucius* au nord, l'*Alligator sclerops* dans la Guyane et l'*Alligator punc-
tatus* dans les Antilles en seraient les représentants connus. C'est là une hypothèse qui a été
confirmée en partie. L'espèce que j'ai rapportée
de la partie ouest du Panama (province Chiriqui)
s'est trouvée être, d'après l'examen le plus minutieux de Siebold et Fitzinger, bien réellement
une nouvelle « bonne » espèce du genre Alligator;
ceci s'accorderait tout à fait avec les présomptions
des partisans de la théorie de la ségrégation et
nous autoriserait à admettre que plus loin au
nord, doivent exister encore dans le lac de Nica-
ragua et dans les fleuves du Guatemala des espèces
d'Alligators encore inconnues, aussi distinctes

morphologiquement des espèces méridionales que des espèces septentrionales du même genre.

Dans la classe des mammifères, c'est l'ordre des primates, et dans celui-ci en particulier les genres des Singes africains, qui par leur distribution chorologique, par leur éloignement des foyers d'origine ainsi que par la disposition sériaire de leurs aires d'habitat, nous fournissent les preuves les plus concluantes à l'appui de notre thèse, savoir que c'est dans les migrations et dans l'isolation complète des émigrants hors du foyer natal qu'il faut chercher la véritable cause de la formation des espèces. La sélection par la lutte pour l'existence ne peut exercer dans ces conditions aucune action, ou tout au moins son rôle ne serait que des plus limités. Par suite de l'isolation de leur nouvel habitat, amené soit par l'éloignement, soit par des barrières naturelles, les singes ségrégés par migration d'un foyer d'origine commun, désigné autrefois sous le nom de « centre de création », échappent ainsi au croisement avec l'espèce souche, et les variations morphologiques qui les distinguent finissent par constituer une espèce modifiée. Chaque nouveau domicile, dont les colons se trouvent soustraits à la concurrence de la masse de leurs pareils, amène avec lui un changement dans les conditions alimentaires et doit contribuer à développer dans leur postérité les qualités particulières propres aux parents. L'Afrique, la partie du monde la plus riche en espèces animales, surtout en celles de la classe des mammifères, est aussi, par sa configuration et ses chaînes de montagnes, de tous les continents, le plus propre à nous démontrer dans la division géographique des espèces, la cause si simple de leur formation.

Le genre *Cercopithecus* (sagouin), dont près de trente espèces sont déjà connues, est exclusivement propre à l'Afrique. Il habite les pays côtiers de ce grand continent placés dans la zone torride, d'où il s'étend en partie sur les hauteurs et les plateaux de l'intérieur. Nous voyons les diverses espèces se succéder en un demi-cercle qui s'étend d'un côté depuis la partie sud du pays des Caffres dans la direction nord vers le Mozambique, l'Abyssinie, la Nubie, d'un autre côté dans la direction nord-ouest à travers la Guinée jusqu'au Sénégal. Les îles Zanzibar et Fernando, tout à fait séparées du continent, ont, comme pour donner raison à la théorie de la ségrégation, des espèces qui leur sont particulières. D'autres espèces, disséminées sur une grande étendue, comme par exemple le *Cercopithecus sabæus*, ne présentent aucune modification dans toute la largeur du continent, depuis la Sénégambie jusqu'au Kordofan, le Sennaar, l'Abyssinie. Les migrations en masse, l'affluence d'un grand nombre d'individus de la même espèce, empêchent la formation d'espèces nouvelles, qui ne sauraient jamais se constituer sans le secours d'une isolation suffisamment prolongée.

Chez la plupart des espèces des singes africains, les aires d'habitat sont, soit strictement bornées, soit déviant beaucoup dans l'extension de leurs frontières; en sorte que les diverses espèces voisines ne se touchent d'ordinaire que sur les limites extrêmes de leurs zones respectives. Mais celles-ci se suivent comme les anneaux d'une chaîne ou les mailles d'un filet. Les espèces voisines sont généralement plus semblables les unes aux autres sous le rapport morphologique que celles qui sont éloignées, alors même que chez ces dernières les conditions climatériques offriraient plus d'analogie. Il arrive au contraire que les espèces habitant dans le voisinage l'une de l'autre jouissent de climats tout à fait différents, surtout celles qui se suivent sur les versants des montagnes. Ce n'est que quand les conditions extérieures de la vie et du milieu présentent de trop grandes différences dans les deux zones voisines que l'on voit se produire de brusques sauts dans l'évolution morphologique.

Ces données, fournies par la zoo-géographie, ainsi que ce fait que la plupart des centres ou foyers d'origine des espèces sont séparés par de

Pagination incorrecte — date incorrecte

NF Z 43-120-12

grandes distances, sont tout à fait d'accord avec la théorie de la ségrégation. La dernière circonstance pourtant, dont l'importance pour nous est des plus capitales, est en contradiction manifeste avec la théorie de la sélection de Darwin; d'après celle-ci, ce serait dans le point de l'habitat de l'espèce souche, où la population est la plus dense, ou dans des points très rapprochés, là en un mot où la lutte pour l'existence sévit avec le plus d'acharnement, que se trouvent réunies le plus de chances pour la formation de nouvelles espèces.

Des faits analogues dans l'extension des espèces, tels que la succession sériaire de leurs aires d'habitat, nous sont aussi fournis par d'autres genres simiens très riches en espèces, comme par exemple le genre africain des Paviens (Cynocephalus), le genre babouins *Semnopithecus* de l'Asie méridionale, le genre anthropomorphe des *Gibbons* (Hylobates), dont les bonnes espèces se trouvent être, d'après les dernières recherches, bien plus nombreuses qu'on ne l'avait cru jusqu'à présent.

L'influence de l'isolation dans l'espace sur la formation d'espèces nouvelles éclate d'une manière frappante dans le dernier genre ci-dessus cité. Les îles de Sumatra, de Java, de Solo, de Bornéo, qui se suivent géographiquement, ont chacune une espèce de gibbon qui lui est propre. La presqu'île de Malacca ainsi que l'intérieur du Cambodge ont à leur tour leurs espèces indigènes. Si dans la grande île de Sumatra on trouve à côté du Siamang une seconde espèce, *Ungko* (*Hylobates variegatus*), riche en variétés locales, c'est que les contours et les limites des aires d'habitat des deux espèces sont différents.

Nous voyons les mêmes faits de la séparation géographique se répéter pour les espèces américaines du genre simien des *platyrrhyniens*. Là où l'extension géographique d'une espèce nous présente des lacunes, comme c'est le cas pour le genre *Chrysothrix* de l'Amérique du Sud, on doit être sûr de voir surgir une nouvelle espèce. C'est ce qui a lieu pour une espèce de ce genre, dont j'ai recueilli quelques spécimens au nord-ouest de l'État de Panama et qui se trouvent actuellement au musée zoologique de Munich. Cette espèce, qui semblait appartenir exclusivement à la province de Chiriqui, qui manquait au sud-est du Panama et était complètement séparée des espèces analogues de l'Amérique du Sud, se trouva néanmoins, après ample examen, être une nouvelle bonne espèce, fait que l'on aurait pu admettre *à priori* rien qu'en se basant sur sa distribution géographique et sur les prémisses de la théorie de la ségrégation.

De même la classe des poissons, si riche en variétés morphologiques, nous fournit par l'observation comparée de la distribution géographique des genres, des espèces, ainsi que par l'apparition locale des variétés strictement limitées à une région circonscrite, des faits nombreux qui sont tous en faveur de la théorie de la formation des espèces par ségrégation dans l'espace. Les espèces vraiment cosmopolites n'existent pas parmi les poissons. Quoique les mers, toutes limitrophes entre elles, offrent aux habitants nageurs un champ illimité de migration, celui-ci n'est pourtant jamais utilisé dans toute son étendue par les diverses espèces qui le peuplent. Les poissons de la haute mer nous présentent d'autres espèces que ceux des côtes. Les genres et les espèces varient aussi souvent avec la profondeur de l'eau. Si le domaine d'extension de beaucoup d'entre elles est très vaste, il a pourtant toujours ses limites, qui, tout oscillantes et mobiles qu'elles soient, ne sont pourtant jamais dépassées de beaucoup que par des émigrés isolés; la grande masse des habitants ne s'en écarte jamais.

Un isthme étroit comme celui de Panama sert de barrière à deux faunes spécifiques, tout à fait différentes, malgré la grande analogie générique qu'elles présentent. Mais les espèces varient aussi sous la même latitude, quand elles sont éloignées les unes des autres, sans qu'il soit nécessaire qu'un continent les sépare. Chaque groupe d'îles éloigné du continent et d'autres archipels, même des îles complètement isolées, telles que Sainte-Hélène, l'île de l'Ascension et celle de Waihu, possèdent sur leurs côtes des espèces qui leur sont presque exclusivement propres, quoique se rattachant à des genres très répandus. Tous les poissons de mer rapportés de l'archipel Galapagos, par l'expédition scientifique du navire anglais *le Beagle*, appartenaient à des espèces tout à fait endémiques, qui n'avaient jamais été signalées sur les côtes de l'Amérique du Sud, situées en face. L'archipel de Hawaï, les îles Fidji, le groupe des îles Samoa, celui des Marquises ont de même leurs espèces endémiques particulières. Dans les archipels de l'Océan, placés non loin l'un de l'autre, comme ceux des Canaries, de Madère, des Açores, la proportion relative des espèces endémiques diminue au contraire considérablement.

Autant que peuvent l'établir les recherches faites jusqu'à présent, les espèces dites substituantes de la classe des poissons semblent affecter la même division géographique, quoique dans des espaces d'extension plus vastes, que les mêmes espèces dans les genres d'animaux de terre ferme particulièrement riches en formes morphologiques, comme par exemple les insectes. Les aires de leurs habitats, aux frontières souvent variables, sont toujours placées en succession sériaire, comme les

5.

mailles d'un filet, et les espèces domiciliées plus
près les unes des autres offrent généralement plus
d'analogies morphologiques que celles placées à
des distances éloignées, lors même que ces dernières se trouvent sous la même latitude.

On se tromperait beaucoup si l'on invoquait
comme argument contre l'action de l'isolation le
fait de la grande extension de beaucoup d'espèces
des poissons d'eau douce dans divers bassins de
fleuves et de lacs aujourd'hui séparés. Ce cas se
rattache à beaucoup d'autres semblables, où, selon
la judicieuse observation de Gœthe, les lois de la
nature, cachées à l'œil du vulgaire, ne se dévoilent
qu'à une recherche approfondie et nous livrent
alors la raison de la contradiction apparente qui
semble exister entre le fait et la théorie.

Le système fluvial actuel de l'Europe, de l'Asie
septentrionale et de l'Amérique du Nord est relativement de date très récente. Les lits des fleuves
dans lesquels coulent actuellement les eaux se
sont creusés lentement depuis l'époque glaciaire.
Ces lits creusés par érosion, ainsi que la plupart
des bassins, des lacs d'eau douce, tels qu'ils sont
aujourd'hui, remontent à l'époque quaternaire. A
l'époque diluviale, les eaux douces couvraient
encore de très grandes étendues de terrain et favo-
risaient ainsi les migrations, mais non l'isolation
des individus du règne animal qui les peuplaient.

A cela vient s'ajouter une circonstance capitale, le genre de vie des poissons d'eau douce, dont peu d'espèces seulement supportent le séjour dans l'eau de mer et peuvent émigrer d'une embouchure à une autre. Ces circonstances expliquent donc l'extension très grande de beaucoup d'espèces d'eau douce, sans contredire en aucune façon la théorie de la formation des espèces par ségrégation. Tout au contraire, le fait de l'existence d'espèces et de variétés rapprochées, se substituant les unes aux autres dans les bassins montagneux où la mince digue des eaux suffit pour séparer nettement les espèces et favoriser la ségrégation prolongée d'un petit nombre d'individus, ce fait se répétant chez certains genres très répandus, par exemple pour le genre *Salmo* et plus encore pour celui particulièrement caractéristique des Silurides des tropiques, fournit un argument décisif en faveur de la théorie de la formation des espèces par ségrégation.

Le genre *Salmo*, qui appartient à une des familles les plus répandues ainsi que les plus riches en espèces, nous montre, en particulier chez les truites des ruisseaux, un nombre incalculable de variétés locales à côté de bonnes espèces voisines; ces variétés se distinguent surtout par la modification dans la forme et la couleur de leurs taches provenant réellement de leur ségrégation dans l'espace.

Chez les truites aussi, les domaines respectifs des espèces identiques sont limitrophes. La variété septentrionale de notre truite européenne *Salmo Fario* L., qui vit en grande masse dans son bassin étroit, apparaît en Islande, en Scandinavie, en Irlande et en Ecosse presque identique, munie de 59 à 60 vertèbres. L'espèce de l'Europe centrale, la *Salmo Ausonii*, n'a que 56 ou 58 vertèbres. Sur le versant méridional des Alpes, elle est remplacée par une variété qui en diffère par la couleur et la forme de ses taches. Le nord de l'Afrique, l'ouest de l'Asie, l'Asie centrale, l'Inde, la Chine, le Japon, l'Amérique du Nord ont leurs espèces particulières de truites.

Les ruisseaux qui coulent les uns à côté des autres dans la même direction et sur le même versant sont généralement peuplés d'espèces identiques. Sur l'autre versant de la chute des eaux, on trouve, dans presque toutes les montagnes élevées, des variétés plus ou moins caractéristiques, qui diffèrent beaucoup par la couleur et la forme de leurs taches des espèces voisines du versant opposé. Non seulement sur les deux versants des Alpes, mais encore dans les eaux qui descendent du Caucase, de l'Alborus, du Taurus, nous trouvons des variétés constantes diverses dans les deux directions opposées. On ne saurait attribuer ce phénomène à la différence de climat et par conséquent à celle de la température des cours d'eau coulant les uns au nord, les autres au midi, car les chaînes des montagnes parallèles au méridien, telles que les montagnes Rocheuses de l'Amérique du Nord ainsi que les Cordillières de l'Amérique du Sud, nous montrent le même changement de la faune, malgré l'uniformité des conditions climatériques sur les deux versants.

A propos des montagnes Rocheuses, nous trouvons chez le voyageur américain Richardson l'intéressant renseignement que voici. Quand il arrive aux vieux trappeurs qui s'aventurent jusqu'à la région des sources de s'égarer sur les hauts plateaux et de ne pouvoir reconnaître si les ruisseaux sinueux coulent vers l'océan Atlantique ou vers le Pacifique, ils jettent la ligne pour s'orienter. Les taches rouges ou noires des truites pêchées leur fournissent un indice précis.

Un des faits zoo-géographiques les plus curieux et les plus importants pour la question en litige nous est fourni par l'existence de certaines espèces de silurides dans les eaux des régions les plus élevées des Andes de l'Amérique équatoriale. Alexandre Humboldt découvrit sur le haut plateau du Quito un petit poisson à l'organisation bizarre, appartenant à la famille des silures, connu chez les indigènes sous le nom de *Prenadilla* et qu'il décrivit sous celui de *Pimelodus Cyclopum*. Trente ans plus tard, le célèbre naturaliste français Boussingault rapportait du versant oriental du même plateau une autre espèce, ainsi qu'un certain nombre de spécimens, habitant les eaux du versant occidental du Chimborazo et du Pichincha.

Après un examen approfondi auquel Cuvier et le savant ichtyologiste Valenciennes soumirent ces poissons, il fut reconnu qu'ils appartenaient à deux espèces différentes. En réalité, la différence morphologique de certains caractères était assez tranchée pour qu'en dépit de leur analogie générale les deux naturalistes en fissent des genres différents. Les dents pointues, recourbées en forme de fourche, ne se rencontrent point, de l'aveu de l'ichtyologiste français, chez aucune autre espèce connue de silurides ; aussi constituent-elles, avec les petits ardillons qui garnissent en dessous la première paire des nageoires pectorales et abdominales et aident les petits poissons à escalader les bords rocailleux des ruisseaux, les signes caractéristiques de ces deux espèces. Il résulte des recherches provoquées par mes hypothèses, dans l'Imbambura et le Rio-Bamba, que ces poissons appartiennent à des *espèces voisines, mais dont les domaines sont nettement délimités par les eaux.*

Le cas de ces deux espèces endémiques de silures constitue le fait le plus capital parmi ceux que la chorologie des organismes nous offre, relativement à

la cause mécanique de l'origine des espèces. Déjà
Antonio de Ulloa signale dans ses *Noticias Ameri-
canas*, parues à Madrid en 1792, la quantité incroyable de *Prenadilla* que contiennent les eaux
stagnantes des petits lacs et des étangs plus encore
que les eaux des ruisseaux. Il a vu dans la province d'Imbabura les Indiens en pêcher avec des
cribles. Très voraces et doués d'un organe visuel
très imparfait, ces poissons mordent, comme j'ai
eu souvent occasion de m'en convaincre pendant
mon long séjour sur le plateau de Quito, à toute
espèce d'appâts. Les enfants indiens les prennent
avec les hameçons les plus grossiers : il suffit d'un
ver, d'un colimaçon, d'une mouche piqués sur
une épingle recourbée. L'alimentation des *Prenadilla* consiste principalement, semble-t-il, en petits
diptères qui, dans aucune saison, ne manquent
dans cette région.

Le lac de Colta dans le vieux Rio-Bamba (10 340
p. f.), le petit lac de montagne au pied de Capac-
Urcu (11 525') n'ont aussi bien que les lacs de la
province d'Imbabura qu'*une* seule espèce de *Prenadilla*. Jamais on n'a constaté la présence de
deux espèces, pas plus que celle de deux variétés
dans le même bassin.

Malgré la quantité incroyable de cette espèce de
silure dans les bassins montagneux des Andes, où
la lutte pour l'existence sévit avec intensité parmi

ces poissons voraces et où par conséquent sont réunies toutes les conditions favorables à la sélection darwinienne, jamais on n'a vu aucune autre espèce se constituer dans le même bassin, sur le même versant des eaux de cette haute région. Sur le versant opposé, nous voyons au contraire, au delà de la barrière étroite qui forme la séparation des eaux, surgir une « bonne espèce », proche parente de la précédente, munie du même appareil dentaire et des mêmes ardillons, mais sous d'autres rapports présentant des divergences morphologiques notables.

Parmi les nombreuses preuves inductives que nous présente la chorologie des organismes, dans le phénomène des espèces dites substituantes, aucune n'est aussi concluante contre le principe de la sélection darwinienne, aussi décisive pour l'action de la ségrégation sur la formation des espèces, que l'existence des deux espèces substituantes de silures dans les hauts plateaux du Quito.

FIN

Coulommiers. — Typ. Paul BRODARD.